高等学校教材

化学工程与工艺专业实验

谢 龙 朱海林 罗 莹 主编

化学工业出版社

·北京·

内容简介

《化学工程与工艺专业实验》介绍了实验的基本原理和操作，包括七章内容：化学工程与工艺专业实验基础、常用仪器分析实验、高分子化工实验、精细化工实验、化工过程强化实验、火炸药化工实验、化工流体性能参数的测定与控制。其中，常用仪器分析实验包括了目前在材料结构和性能分析过程中常用的一些测试方法，如结构分析常用的红外光谱分析、核磁共振分析；分子量表征用的光散射法和凝胶渗透色谱法；热性能分析用的差示扫描量热法和热重分析法；材料微观形貌和结构分析用的扫描电镜、透射电镜、X 射线衍射法等。高分子化工实验包括聚醋酸乙烯酯及其衍生物的制备、环氧树脂的制备及性能测试、填充聚丙烯成型加工及性能测试、涂料的制备及施工性能测试，涉及聚合物的制备、检测、成型加工和应用。精细化工实验包含典型精细化学品（磺酸盐表面活性剂）的合成与应用，以及各类乳液化学产品的制备和鉴别。化工过程强化实验包含超重力化工过程强化和微通道反应器过程强化的原理和应用。火炸药化工实验以特色实验（二硝基甘脲和二硝基甲苯的制备及性能测试）为例介绍了硝化反应的实验原理及规范的操作过程。化工流体性能参数的测定与控制包括液体常用工程物性与流体性能的测定。

《化学工程与工艺专业实验》可作为本科院校化学工程与工艺专业或相近专业的教材，也可供化工部门和科研单位的技术人员参考。

图书在版编目（CIP）数据

化学工程与工艺专业实验 / 谢龙，朱海林，罗莹主编．—北京：化学工业出版社，2022.7

高等学校教材

ISBN 978-7-122-41202-7

Ⅰ．①化… Ⅱ．①谢… ②朱… ③罗… Ⅲ．①化学工程-化学实验-高等学校-教材 Ⅳ．①TQ016

中国版本图书馆 CIP 数据核字（2022）第 060919 号

责任编辑：任睿婷　徐雅妮
文字编辑：黄福芝　陈小滔
责任校对：田睿涵
装帧设计：刘丽华

出版发行：化学工业出版社
（北京市东城区青年湖南街 13 号　邮政编码 100011）
印　　装：北京科印技术咨询服务有限公司数码印刷分部
787mm×1092mm　1/16　印张 $6^1/_2$　字数 139 千字
2022 年 8 月北京第 1 版第 1 次印刷

购书咨询：010-64518888
售后服务：010-64518899
网　　址：http://www.cip.com.cn
凡购买本书，如有缺损质量问题，本社销售中心负责调换。

定　　价：29.80 元

版权所有　违者必究

前言

化学工程与工艺专业实验是工科院校高分子化工、精细化工、火炸药化工等有关专业高年级学生必修的工程技术实践课。课程目标是培养具备本专业理论知识和科研实践能力的工程技术人才，使其能在化工、材料、冶炼、能源、轻工、医药、环保和军工等领域从事工程设计、技术开发、生产管理和科学研究等方面的相关工作。此外，由于化工产品的产量大、品种多、应用广、经济效益高，化学工程与工艺专业的理论和实践知识已渗透到多个科学技术领域和部门。本教材是帮助学生综合掌握相关理论知识和科学实验技术的一门实践课程，在编写教材的过程中以“能力培养为核心，知识、能力、素质协调发展”的实践教学理念，对实验内容进行了选择和编排，从基础实验（常用仪器分析实验）到专业方向的特色和典型实验，从理论到实践训练，渐进式培养学生独立完成科研实验的能力，提高学生的专业实验能力、创新能力和综合素质。

本书以中北大学自编的化学工程与工艺专业实验讲义为基础，同时吸收了本校多个课程组（高分子、精细化工、火炸药、超重力、化工自动化）多年来在本专业的科研成果并参考了其他院校教材中一些较好的实验内容。本书不仅是一本理论联系实际的实验教科书，而且是一本有实际应用价值、可用于进行有关化学和材料科学技术开发的参考书。

本书内容共分七章：化学工程与工艺专业实验基础、常用仪器分析实验、高分子化工实验、精细化工实验、化工过程强化实验、火炸药化工实验、化工流体性能参数的测定与控制。其中，谢龙编写化学工程与工艺专业实验基础、常用仪器分析实验、高分子化工实验以及附录；朱海林编写精细化工实验；罗莹、宋健和郭靖编写化工过程强化实验；王建龙编写火炸药化工实验；陈丽珍和柳来栓编写化工流体性能参数的测定与控制。全书由谢龙统稿。

本书的内容覆盖面较广，可作为化学工程与工艺、高分子化工、精细化工、应用化学、特种能源与技术等专业的教学用书，也可供化工部门和科研单位的技术人员参考。

本教材的编写得到了中北大学教材立项资金的支持，在编写的过程中得到了很多老师的支持和帮助，不再一一列举，在此表示衷心的感谢。限于编者水平有限，书中难免存在疏漏和欠妥之处，敬请读者给予批评指正。

编　者

2022 年 3 月

目录

第一章 **化学工程与工艺专业实验基础 / 001**

第一节 实验室工作制度 002
第二节 实验室安全制度 002
第三节 实验常用的化学反应装置 003
第四节 化学反应的温度控制 004
第五节 实验报告要求及格式 006

第二章 **常用仪器分析实验 / 008**

实验 1 红外光谱法表征物质结构 009
一、实验目的 009
二、实验原理 009
三、实验仪器及试剂 010
四、实验步骤 010
五、思考题 011
实验 2 光散射法测定聚合物的分子量 011
一、实验目的 011
二、实验原理 011
三、实验仪器及试剂 012
四、实验步骤 012
五、思考题 013
实验 3 凝胶渗透色谱法测定聚合物的分子量及其分布 013
一、实验目的 013
二、实验原理 014
三、实验仪器及试剂 015
四、实验步骤 016
五、思考题 016
实验 4 裂解气相色谱法测定共聚物的组成 016
一、实验目的 016
二、实验原理 017
三、实验仪器及试剂 018

四、实验步骤……018
五、思考题……018
实验 5 核磁共振法测定聚合物的结构……019
一、实验目的……019
二、实验原理……019
三、实验仪器及试剂……020
四、实验步骤……020
五、思考题……020
实验 6 差示扫描量热法测定聚合物的热转变……021
一、实验目的……021
二、实验原理……021
三、实验仪器及试剂……022
四、实验步骤……022
五、思考题……022
实验 7 聚合物的热重分析……022
一、实验目的……022
二、实验原理……023
三、实验仪器及试剂……023
四、实验步骤……023
五、思考题……024
实验 8 扫描电子显微镜观察聚合物的微观形貌……024
一、实验目的……024
二、实验原理……024
三、实验仪器及试剂……025
四、实验步骤……025
五、思考题……026
实验 9 透射电子显微镜观察聚合物的微相结构……026
一、实验目的……026
二、实验原理……026
三、实验仪器及试剂……027
四、实验步骤……027
五、思考题……029
实验 10 X 射线衍射法分析聚合物的晶体结构……029
一、实验目的……029
二、实验原理……029
三、实验仪器及试剂……030
四、实验步骤……030
五、思考题……031

第三章 高分子化工实验 / 032

实验 11 聚醋酸乙烯酯及其衍生物的制备 033
实验Ⅰ 原料的精制 033
一、实验目的 033
二、实验原理 033
三、实验仪器及试剂 033
四、实验步骤 033
五、思考题 034
实验Ⅱ 聚醋酸乙烯酯的制备 034
一、实验目的 034
二、实验原理 034
三、实验仪器及试剂 034
四、实验步骤 035
五、思考题 035
实验Ⅲ 聚醋酸乙烯酯的醇解 035
一、实验目的 035
二、实验原理 035
三、实验仪器及试剂 036
四、实验步骤 036
五、思考题 036
实验Ⅳ 聚乙烯醇缩甲醛（胶水）的制备 036
一、实验目的 036
二、实验原理 036
三、实验仪器及试剂 037
四、操作步骤 037
五、思考题 037
实验 12 环氧树脂的制备及性能测试 037
一、实验目的 037
二、实验原理 038
三、实验仪器及试剂 038
四、实验步骤 038
五、思考题 039
实验 13 填充聚丙烯成型加工及性能测试 039
一、实验目的 039
二、实验原理 039
三、实验仪器及试剂 040
四、实验步骤 040

五、思考题······042
实验 14 涂料的制备及施工性能测试······042
一、实验目的······042
二、实验原理······042
三、实验仪器及试剂······043
四、实验步骤······043
五、思考题······044

第四章 精细化工实验 / 045

实验 15 磺酸盐表面活性剂的合成及应用······046
实验Ⅰ 磺酸盐表面活性剂的制备······046
一、实验目的······046
二、实验原理······046
三、实验仪器及试剂······047
四、实验步骤······047
五、思考题······049
实验Ⅱ 表面活性剂的性能测定······049
一、实验目的······049
二、实验原理······049
三、实验仪器及试剂······050
四、实验步骤······050
五、思考题······051
实验Ⅲ 液体洗涤剂的制备及去污性能评价······051
一、实验目的······051
二、实验原理······052
三、实验仪器及试剂······052
四、实验步骤······053
五、思考题······055
实验 16 乳状液的制备、鉴别和破乳······055
实验Ⅰ 乳状液的制备和类型鉴别······055
一、实验目的······055
二、实验原理······055
三、实验仪器及试剂······055
四、实验步骤······056
五、思考题······056
实验Ⅱ 乳状液的破乳实验······057
一、实验目的······057

二、实验原理 057
三、实验仪器及试剂 057
四、实验步骤 058
五、思考题 058

第五章 **化工过程强化实验 / 059**

实验 17 超重力化工过程强化 060
实验Ⅰ 超重力流体力学性能 060
一、实验目的 060
二、实验原理 060
三、实验仪器及试剂 061
四、实验步骤 061
五、思考题 063
实验Ⅱ 超重力传质性能 063
一、实验目的 063
二、实验原理 063
三、实验仪器及试剂 064
四、实验步骤 064
五、思考题 066
实验 18 微通道反应器过程强化 066
一、实验目的 066
二、实验原理 066
三、实验仪器及试剂 067
四、实验步骤 068
五、思考题 069
实验 19 化工过程强化技术处理火炸药废水 069
一、实验目的 069
二、实验原理 069
三、实验仪器及试剂 069
四、实验步骤 070
五、思考题 071

第六章 **火炸药化工实验 / 072**

实验 20 二硝基甘脲的制备及性能测试 073
实验Ⅰ 二硝基甘脲的合成 073
一、实验目的 073

二、实验原理 073
三、实验仪器及试剂 073
四、实验步骤 074
五、思考题 074
实验Ⅱ 二硝基甘脲的热分解性能测试——DSC 法 074
一、实验目的 074
二、实验原理 074
三、实验仪器及试剂 075
四、实验步骤 075
五、思考题 076
实验 21 二硝基甲苯的制备 076
一、实验目的 076
二、实验原理 076
三、实验仪器及试剂 077
四、实验步骤 077
五、思考题 078

第七章 化工流体性能参数的测定与控制 / 079

实验 22 液体常用工程物性参数的测定 080
实验Ⅰ 液体黏度的测定 080
一、实验目的 080
二、实验原理 080
三、实验仪器及试剂 080
四、实验步骤 080
五、思考题 081
实验Ⅱ 表面张力的测定 082
一、实验目的 082
二、实验原理 082
三、实验仪器及试剂 082
四、实验步骤 082
五、思考题 083
实验Ⅲ 二元系统气液平衡数据的测定 083
一、实验目的 083
二、实验原理 084
三、实验仪器及试剂 084
四、实验步骤 084
五、思考题 086

实验 23 化工过程流体性能参数的控制 086
实验Ⅰ 对象特性（一阶水箱）的实验测取 086
一、实验目的 086
二、实验原理 087
三、实验仪器及试剂 088
四、实验步骤 088
五、思考题 089
实验Ⅱ 化工自动化基础综合实验 089
一、实验目的 089
二、实验原理 089
三、实验仪器及试剂 089
四、实验步骤 090
五、思考题 091
实验 24 全混流反应器停留时间分布测定 091
一、实验目的 091
二、实验原理 091
三、实验仪器及试剂 091
四、实验步骤 092
五、思考题 092

附录 / 093

参考文献 / 094

第一章

化学工程与工艺专业实验基础

第一节 实验室工作制度

为确保实验安全进行，凡进入实验室的人员，必须遵守下列规定。

① 进行实验前认真学习实验室各项规章制度，特别是实验室安全制度。

② 实验中应严格遵守操作规程和安全制度，防止事故发生。如发生事故应立即报告教师并进行处理。同时要自觉遵守实验室纪律，不准在实验室做与实验无关的事情，如高声谈笑、吸烟、饮食等。

③ 实验时应集中精神，认真观察实验现象，做好实验记录。在记录时应实事求是，树立严谨的科学作风。

④ 实验中应按量取用药品，爱护仪器和设备，凡损坏仪器、工具者应进行登记。要发扬勤俭精神，节约用水用电，杜绝浪费。

⑤ 实验时应随时保持实验室桌面、地面、通风橱内清洁、整齐。用过的仪器、药品及工具应放回原处，整齐排好。

⑥ 实验完毕应将实验产品和废弃药品进行回收处理，并将用过的仪器洗净，需干燥的仪器放入烘箱内干燥以备下次实验使用，同时将实验地点整理干净，切断电源、水源，关好门窗，经教师同意方能离开实验室。

第二节 实验室安全制度

在化学实验中，经常会使用易燃、有毒试剂，为确保实验顺利进行，减少安全事故的发生，必须严格遵守下列安全制度。

1. 防止着火事故的发生

化学实验室较易发生的事故是着火，着火的主要原因是使用易燃药品。为了防止着火事故的发生，使用易燃药品时必须远离火源，蒸馏时应避免明火加热，实验结束后应充分冷却。瓶塞、瓶口连接应严密，切勿用石蜡涂封，因石蜡受热易熔，遇火即燃。常压蒸馏时应该使系统与大气相通，蒸馏操作最好在通风橱中进行，蒸馏时不能在中途添加沸石。

如果遇到实验室着火，应保持镇静，立即切断电源，并迅速移开附近可燃物，用石棉布、沙子或泡沫灭火器灭火（泡沫灭火器须定期检查气体出口是否畅通）。

2. 防止爆炸事故的发生

爆炸的毁坏力极大，应严加防止爆炸事故发生，一般应注意以下几点。

① 正确安装仪器。常压蒸馏应使系统与大气相通，不可完全密封。

② 取用易潮解的药品时，因其遇水时会产生大量的热，有时会燃烧，甚至会引起爆炸，所以取用后应立即将瓶盖盖严，密封保存。

③ 反应过程中如预计有爆炸危险时，应加以必要的防护。如在通风橱内进行操作，戴防护眼镜或在防爆屏后面进行操作。

3. **防止中毒事故的发生**

吸入有毒的气体或者吞入有毒的物质，或有毒物质通过伤口渗入人体，都会引起中毒。汞是有毒物质，长期吸入汞的蒸气会引起慢性中毒，洒在桌面上或地面上的汞可洒以硫黄粉消毒。此外，氯仿、甲醇亦有毒，不可吸入其蒸气。甲醇可以引起失明，甚至致死。

凡是操作有毒物质参与的实验必须在通风橱内进行。

另外严禁在实验室内吃东西，不得用烧杯盛饮料，离开实验室时必须将手洗干净。

4. **防止烧伤事故的发生**

高温操作或操作有腐蚀性的药品时，若操作不当均可使皮肤受到伤害，引起烧伤。为了人身安全，操作时应注意：

① 任何药品不得用手直接拿取，倒酸时必须戴上胶皮手套和防护眼镜，最好在通风橱内进行。

② 加热或煮沸盛有液体的试管和反应瓶时，不得从试管口或反应瓶口往下观看反应情况。如果不慎发生烧伤事故，应立即进行救护。

火烧伤：轻者涂以獾油或磺胺乙酰药膏，重者立即送往医院。

酸烧伤：应迅速用大量水冲洗，然后用3%的碳酸氢钠溶液洗涤，再涂以药膏。

碱烧伤：迅速用大量水冲洗，然后用1%的醋酸溶液或3%的硼酸溶液洗涤，再涂以药膏。

当刺激物进入人眼中时，首先应用大量水冲洗，然后再视情况处理，重者应立即送往医院。

5. **废物的处理**

① 废液的处理。一般的废液溶剂要分类倒入回收瓶中，废酸、废碱要分开放置。有机废溶剂分为卤素有机废溶剂和不含卤素有机废溶剂，收集后应交由专业有机废液处理单位集中处理。聚合物乳液不可直接倒入下水道，因为破乳沉淀后会堵塞下水道。正确的处理方法是将乳液破乳，分离出聚合物后再进一步处理。

② 固体废物的处理。任何固体废物都不能直接倒入水池中，无毒无害的固体废物倒入指定的垃圾桶中。一些含重金属化合物等有毒有害物质的废弃物，倒入指定的回收瓶中，统一回收，交由专门的处理单位进行处理。

电气设备要妥善接地，以免发生触电，万一发生触电要立即切断电源，并对触电者进行急救。有毒、易燃、易爆的试剂要有专人负责，在专门的地方保管，不得随意乱放。

第三节 实验常用的化学反应装置

在实验中，大多数的化学反应可在磨口三口瓶或四口瓶中进行，常见的反应装置如图1-1所示，一般带有搅拌器、冷凝管和温度计。

图1-1（a）适合于除氧除湿需求不是十分严格的化学反应。若反应是在回流条件下进行，则在开始回流后，由于体系本身的蒸气可起到隔离空气的作用，可停止通氮

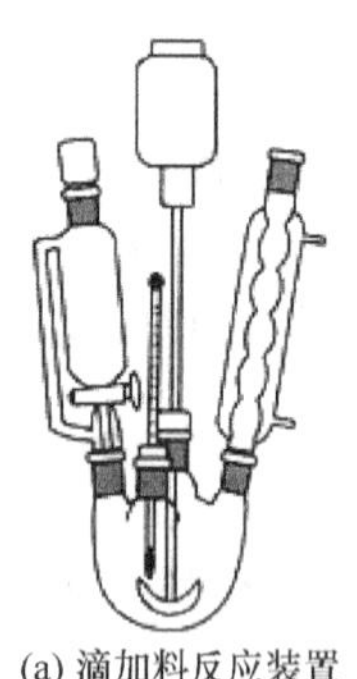

(a) 滴加料反应装置

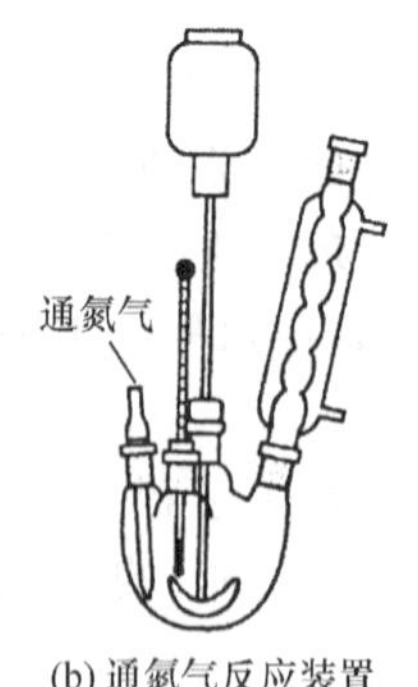

(b) 通氮气反应装置

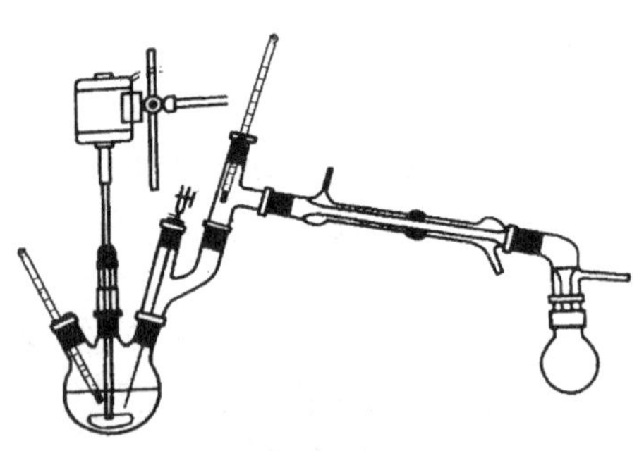

(c) 减压反应装置

图 1–1　化学反应常用反应装置

气。图 1-1（b）适合于对除氧除湿相对较严格的化学反应。在反应开始前，先加入固体反应物（也可将固体反应物配成溶液后，以液体反应物形式加入），然后调节三通活塞，抽真空数分钟后，再调节三通活塞充入氮气，如此反复数次，使反应体系中的空气完全被氮气置换。之后在氮气的保护下，用注射器把液体反应物由三通活塞加入反应体系，并在反应过程中始终保持一定的氮气正压。图 1-1（c）适用于反应中需要减压的化学反应，在反应过程中需要脱去反应产生的小分子化合物，使反应向正方向进行，从而提高转化率。

为了防止反应物特别是挥发性反应物的逸出，搅拌器与瓶口之间应有良好的密封。实验室常用的搅拌器是聚四氟乙烯搅拌器，由于聚四氟乙烯具有良好的自润滑性能和密封性能，因此聚四氟乙烯搅拌器既能保证搅拌顺利进行，也能起到良好的密封作用。为了得到更好的搅拌效果，也可根据需要用玻璃棒烧制成各种特殊形状的搅拌器。对于体系黏度不大的溶液体系也可以使用磁力搅拌器，特别是对除氧除湿要求较严的化学反应，使用磁力搅拌器可提供更好的体系密封性，其中温度计若非必需，可用磨口玻璃塞代替。

第四节　化学反应的温度控制

化学反应的温度控制是实验操作的重要环节之一。温度对反应的影响，与有机化学实验一样主要表现在反应速率和产物收率方面，因此准确控制反应温度十分必要。室温以上的反应可使用电加热套、加热圈和水浴加热箱等装置；室温以下的反应，可使用低温浴或采用适当的冷却剂冷却。

准确的温度控制必须使用恒温浴。实验室最常用的热浴是水浴和油浴，由于使用水浴存在水蒸发的问题，因此若反应时间较长，应使用油浴（如硅油浴）。根据反应温度控制的需要，可选择适宜的热浴。热浴装置一般采用恒温水浴箱，可进行水浴和油浴加热，常用的加热介质见表 1-1。

若反应温度在室温以下，则需根据反应温度选择不同的低温浴。如 0℃用冰浴，更低温度可使用各种不同的冰和盐混合物、液氮和溶剂混合物等。不同的盐与冰、不同溶剂与液氮以不同的配比混合可得到不同的冷浴温度。此外也可使用专门的制冷恒温设备。

表 1-1　常见加热介质的特点

加热介质	沸点或最高使用温度/℃	评述
水	100	洁净，透明，易挥发
甘油	140～150	洁净，透明，难挥发
植物油	170～180	难清洗，难挥发，高温有油烟
硅油	250	耐高温，透明，价格高
泵油	250	回收泵油多含杂质，不透明

1. 加热

（1）水浴加热

当实验需要的温度在 90℃以下时，使用恒温水浴箱对反应体系进行加热和温度控制最为合适，水浴加热具有方便、清洁和安全等优点。长时间使用水浴，水分大量蒸发散失，需要及时补充；过夜反应时可在水面盖上一层液体石蜡。对于温度控制要求较高的实验，可以直接使用超级恒温水槽，还可通过对外输送恒温水以达到所需温度，其温差可控制在±0.5℃。由于水管的热量散失，反应器的温度低于超级恒温水槽的设定温度时需要进行调整。

（2）油浴加热

水浴不适用于温度要求较高的实验，此时需要使用不同的油作为加热介质。油浴不存在加热介质的挥发问题，但是玻璃仪器清洗较为困难，操作不当还会污染实验台面及其设施。使用油浴加热时，还需要注意加热介质的热稳定性和可燃性，最高可加热温度不能超过限定温度。表 1-1 列举了一些常用加热介质的性质。

（3）电加热套

电加热套是一种外热式加热器，电热元件被封闭于玻璃等绝缘层内，并制成内凹的半球状，外部为铝制的外壳，非常适合于圆底烧瓶的加热。电加热元件可直接与电源相通，也可以通过调压器等调压装置与电源连接，最高使用温度可达 450℃。功能较齐全的电加热套带有调节装置，可以对加热功率和温度进行有限调节，但难以准确控制温度。电加热套具有安全、方便和不易损坏玻璃仪器等特点。由于玻璃仪器与电加热套紧密接触，保温性能良好。根据烧瓶的大小，可以选用不同规格的电加热套。

2. 冷却

常常遇到需要在低于室温的条件下进行的反应，因此冷却是实验中经常需要采取的操作。若反应温度需要控制在 0℃附近，多采用冰水混合物作为冷却介质。若要使反应体系温度控制在 0℃以下，则采用碎冰和无机盐的混合物作制冷剂。若要维持在更低的温度，则必须使用更为有效的制冷剂（干冰和液氮），干冰和乙醇、乙醚等混合，温度可降至−70℃，通常使用温度为−40～−50℃。液氮与乙醇、丙酮混合使用，冷却温度可稳定在有机溶剂的凝固点附近。表 1-2 列出不同制冷剂的组成和使用温度范围。配制冰盐冷浴时，应使用碎冰和颗粒状盐，并按比例混合。干冰和液氮作为制冷剂时，应置于浅口保温瓶等隔热容器中，以防止制冷剂的过度损耗。

表 1-2 常见低温浴的组成及其使用温度

温度/℃	组成	温度/℃	组成
13	干冰+二甲苯	−60	干冰+异丙醚
5	干冰+苯	−72	干冰+乙醇
0	碎冰	−77	干冰+氯仿或丙酮
−5～−20	冰盐混合物	−78	干冰粉末
−30	干冰+溴苯	−90	液氮+硝基乙烷
−33	液氮	−98	液氮+甲醇
−41	干冰+乙腈	−100	干冰+乙醇
−50	干冰+丙二酸二乙酯	−192	液态空气
−4～−50	冰/$CaCl_2$(3.5～4.5)	−196	液氮

此外，超级恒温水槽可以提供低温环境，并能准确控制温度，也可通过恒温水槽输送冷却液来控制反应温度。

3. 温度的测定和调节

酒精温度计和水银温度计是最常用的测温仪器，他们的量程受其凝固点和沸点的限制，前者可在−60～100℃内使用，后者可测定的最低温度为−38℃，最高使用温度在300℃左右。低温测定可使用有机溶剂制成的温度计，甲苯的温度可达−90℃，正戊烷为−130℃。为观察方便，在溶剂中加入少量有机染料，但这种温度计由于有机溶剂的传热较差和黏度较大，需要较长的平衡时间。

控温仪兼测温和控温两种功能，但是测温往往不准确，需要用温度计进行校正。

较为简单的控制温度的方法是调节电加热元件的输入功率，使加热和热量散失达到平衡，但是这种方法不够准确，而且不够安全。使用温度控制器如控温仪和触点温度计能够非常有效和准确地控制反应温度。控温仪的温敏探头置于加热介质中，其产生的电信号输入到控温仪中，并与所设置的温度信号相比较。当加热介质未达到设定温度时控温仪的继电器处于闭合状态，电加热元件继续通电加热；当加热介质的温度高于设定温度时，继电器断开，电加热元件不再工作。触点温度计与一台继电器连用，工作原理同上，皆是利用继电器控制电加热元件的工作状态达到控制和调节温度的目的。

要获得良好的恒温系统，除了使用控温设备外，选择适当的电加热元件的功率、电加热介质，调节体系的散热情况也是必需的。

第五节 实验报告要求及格式

实验前应充分预习，并写出实验预习报告（包括实验方案设计、工艺流程描述、流程图的绘制），经教师审核合格后方能进行实验，实验后应在规定时间内提交实验报告。

实验报告既是学生实验工作的全面总结，也是教师评定学生实验成绩的主要依据。

书写实验报告的目的是通过分析、归纳、总结实验数据，讨论实验结果，使学生把实验获得的感性认识上升为理性认识。

实验报告的要求包括：①用统一规范的实验报告格式书写；②独立完成实验数据处理和分析；③语言通顺、图表清晰、分析合理、讨论深入，能够真实反映实验结果。

实验报告的主要内容包括：①实验名称、学生姓名、学号和实验日期；②实验目的和要求；③实验试剂、仪器、设备以及装置图；④实验原理；⑤实验步骤；⑥实验原始记录；⑦实验数据处理结果；⑧实验结果分析、讨论；⑨实验指导书中的思考题；⑩实验心得与体会。

第二章

常用仪器分析实验

实验 1　红外光谱法表征物质结构

一、实验目的

① 了解傅里叶变换红外光谱仪的结构和工作原理，学习其使用方法；

② 掌握固体及液体样品的红外制样技术；

③ 了解红外光谱定性分析法的基本原理，学会红外谱图的解析方法。

二、实验原理

红外光谱是研究物质结构与性能关系的基本手段之一，利用物质对红外光区电磁辐射具有选择性吸收的特性来进行化合物结构分析、定性和定量的分析等。红外光谱具有鲜明的特征性，其谱带的数目、位置、形状和强度都随化合物不同而各不相同。红外光谱分析具有速度快、试样用量少并能分析各种状态的试样等特点。

红外光谱仪主要由两部分组成：光学检测系统和计算机系统。光学检测系统主要包括红外光源、光栅、干涉仪、激光器、检测器和几个红外反射镜，主要元件是干涉仪。工作原理如图 2-1 所示。

红外光源的辐射光经 M_1、M_2 反射为平行光束，投射到 45°放置的分束器 P（KBr）上，分束器将光等分为两部分：一部分反射到固定镜再反射回来，复透过 P，经 M_3 聚焦射向样品池和检测器（DTGS-KBr）；另一部分透过 P，经动镜反射也射向样品池和检测器。动镜以速度 v 作匀速往复移动，经 M_4 和 M_3 的两束光相互干涉而增强，检测器输出的信号增大；光程差等于入射光半波长的奇数倍时，两束光因干涉相抵消，输出的信号减小，由干涉仪输出干涉图。当将有红外吸收的样品放在干涉的光路中时，由于样品吸收掉某些频率范围的能量，所以所得干涉图的强度曲线表现出相应的变化，这种变化的干涉图包含了整个波长范围内样品吸收的全部信息。计算机的作用是接收由 Michelson 干涉仪输出的经过红外吸收的干涉图，进行 FT 数学处理，将干涉图还原为光谱图。

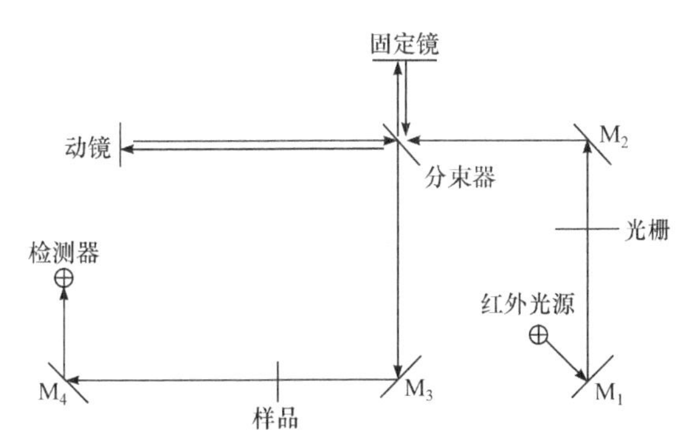

图 2-1　红外光谱工作原理示意图

对试样的要求：①试样纯度应大于 98%；②试样不应含水（结晶水或游离水），

因水有红外吸收，与羟基峰干扰，所以试样应当经过干燥处理；③试样浓度和厚度要适当，在最强吸收透光度的5%～20%之间。对于固体样品，常用的制样方法有：压片法、糊状法、薄膜法和切片法等。本实验采用的是压片法，即将固体样品与溴化钾混合研细，并压成透明片状，然后放到红外光谱仪上进行分析。溴化钾背景吸收很小，且无选择性，但易吸潮，很难消除吸附水的影响，所以压片法所用的溴化钾必须纯净和干燥。

每个有机化合物都有特定的红外吸收光谱。因此，红外光谱是进行定性鉴定和结构分析的有力工具。根据化合物的基团和振动类型的不同，可将红外光谱按波数大小划分为 8 个重要区段，从这些波段出现的吸收峰，可了解其振动类型，如表 2-1 所示，从红外光谱吸收峰的位置，初步了解可能的基团。然后再从基团的特征频率表中找出相关峰位置和数目，与所测化合物光谱进行比较并找出相应关系，加以确定。

表 2-1 波数与振动类型对应表

波数/cm^{-1}	振动类型	波数/cm^{-1}	振动类型
3750～3000	伸缩振动（羟基、氨基）	1675～1500	伸缩振动（碳碳、碳氮双键）
3300～2900	伸缩振动（不饱和碳氢）	1475～1300	弯曲振动（饱和碳氢）
2400～2100	伸缩振动（不饱和碳碳、碳氮三键）	1000～650	伸缩振动（不饱和碳氢）
1900～1650	伸缩振动（羰基）	3000～2700	伸缩振动（饱和碳氢）

三、实验仪器及试剂

1. 实验仪器

傅里叶变换红外光谱仪、压片模具、压片机、玛瑙研钵。

2. 实验试剂

溴化钾（分析纯）、待测样品。

四、实验步骤

1. 试样制备

取 1～2mg 的待测样品粉末放入玛瑙研钵中磨细，直至无颗粒感为止。将 100～200mg 的溴化钾放入研钵中与待测样品一起混合研磨至 2μm 细粉。将磨好的待测样品和溴化钾混合物细粉装入压片模具中，置于压片机上，加 8～12MPa 的压力，保持 30s 左右，减压，取出压膜，将压好的 KBr 样片放入样品支架备用。

2. 样品测试

① 开启傅里叶变换红外光谱仪，使其稳定约 30min，将制备好的样片放入样品架，然后插入仪器样品室的固定位置上。

② 打开测试软件，设置好扫描次数、分辨率等参数。

③ 进行背景扫描，然后将样品放入样品室，开始样品扫描。

3. 谱图处理

进行红外谱线处理，如基线拉平、曲线平滑、标峰值等。根据待测样品的红外谱图，分析特征吸收峰的位置、强度、峰形等与基团之间的关系，确定物质结构。

五、思考题

① 傅里叶变换红外光谱仪的工作原理是什么？

② 如何解析已知物和未知物的红外光谱图？

③ 影响红外光谱图质量的因素有哪些？如何避免？

实验 2　光散射法测定聚合物的分子量

一、实验目的

① 了解光散射法测定聚合物重均分子量、分子尺寸和聚合物-溶剂体系的热力学参数的基本原理；

② 了解光散射仪的基本构造和使用方法；

③ 用光散射仪测定聚苯乙烯-苯溶液体系的光散射数据，并计算出聚苯乙烯试样的重均分子量、均方末端距和第二位力系数。

二、实验原理

根据高分子溶液对入射光的散射能力以及对散射光强的浓度依赖性和角度依赖性，可以计算出聚合物的重均分子量、均方旋转半径、均方末端距、聚合物-溶剂体系的第二位力系数等参数。可测定的分子量范围为 10^4～10^7。

激光小角光散射仪可以直接测定淋出级分的重均分子量，无需借助标准试样对凝胶色谱数据进行校正。当一束入射光通过散射池中的溶液时（如图 2-2 所示），一部分光沿着原来的方向继续传播，称为透射光；而在入射光方向之外的其他方向上观察到的一种很弱的光称为散射光。散射光方向与入射光方向之间的夹角 θ 称为散射角；散射中心质点 O 到观测点 P 之间的距离 r 称为观测距离。假定入射光为非偏振光且无内干涉效应，由光的电磁波理论和涨落理论，可推导出单位体积溶液中溶质的散射光强 I 的表达式：

$$I=\frac{I_0Kc(1+\cos^2\theta)}{2r^2\left(\dfrac{1}{M}+2A_2c\right)} \tag{2-1}$$

式中，I_0 为入射光强度；c 为溶液浓度，g/mL；M 为溶质的重均分子量；A_2 为第二位力系数；K 为与溶液的折射率、入射光波长 λ、温度等有关的常数，但与溶液浓度、散射角及溶质的分子量无关：

$$K=\frac{4\pi^2n^2}{N_A\lambda^4}\left(\frac{\partial n}{\partial c}\right)^2 \tag{2-2}$$

式中，n 为溶液的折射率；N_A 为阿伏伽德罗常数；π 为圆周率；I 值等于溶液的散射光强与纯溶剂的散射光强之差。引入物质光散射性质的参数——瑞利（Rayleigh）比 R_θ：

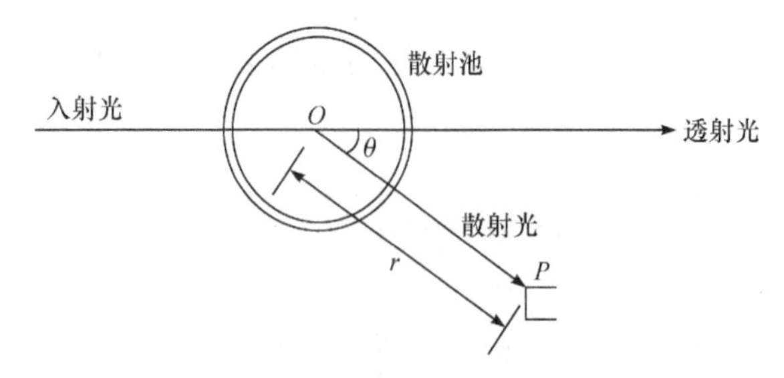

图 2-2　散射光示意图

$$R_\theta = \frac{r^2 I}{I_0} \tag{2-3}$$

则式（2-1）可写为：

$$\frac{(1+\cos^2\theta)Kc}{2R_\theta} = \frac{1}{M} + 2A_2 c \tag{2-4}$$

当$\theta = 90°$时，测定散射光受杂散光的干扰最小，因此，常采用测定 90°时的瑞利比 R_{90} 来计算尺寸较小的溶质的分子量，具体测定方法是：测定一系列不同浓度溶液的 R_{90} 值，以 $Kc/(2R_{90})$对 c 作图（应为直线），由直线的截距可求得 M 值，由直线的斜率可求得 A_2 值。

光散射仪中光电倍增管是系统的核心部件，把很弱的散射光信号转换成电信号，经直流放大系统放大后，从微安表上就可读出与散射光强成正比的光电流读数 S。此时可直接用下面的公式计算 R_θ值：

$$R_\theta = \frac{S_\theta - S_{\theta(苯)}}{S_{90(苯)}} \times R_{90(苯)} \tag{2-5}$$

式中，S_θ 和 $S_{\theta(苯)}$分别为溶液和纯苯在θ角时的光电流读数；$S_{90(苯)}$为纯苯在散射角为 90°时的光电流读数。

三、实验仪器及试剂

1. 实验仪器

激光小角光散射仪（或光散射仪）、分析天平、容量瓶（10mL）、烧杯（50mL）、移液管（1mL）、注射器（15mL）、量筒（20mL）、砂芯漏斗、压缩空气装置（或氮气瓶）、电磁搅拌器。

2. 实验试剂

聚苯乙烯、苯、丙酮。

四、实验步骤

① 高分子溶液的制备。在 10mL 的容量瓶中用分析天平准确称取 0.0200g 的聚苯乙烯（分子量越大，所需要的溶液浓度越小），加入适量的苯使之溶解，在 25℃下用苯稀释至刻度，即成为原始溶液，记其浓度为 c_0（g/mL）。用砂芯漏斗借助于压缩空

气装置（或氮气瓶）加压过滤至另一个容量瓶中。

② 用砂芯漏斗过滤出约 15mL 的苯。在散射池中放入一个搅拌子，用注射器准确量取 12mL 的苯加入散射池中。

③ 把光散射仪的高压旋钮调到中间位置，测量旋钮调至关闭位置，零点旋钮调至中间，灵敏度旋钮调至最低，选择所用的滤色片（若采用的是激光光源，则不需要滤色），将光量旋钮调至最小，把测量散射光的θ角调到 90°位置，关闭光闸。

④ 把已盛有苯的散射池放入恒温浴中。开启总电源和光源开关。打开温度控制器电源，将恒温浴的温度控制在 25℃。

⑤ 调节高压旋钮，使高压伏特计的电压为 800V；调节零点旋钮，使微安表指针指向 0；将灵敏度旋钮调至最灵敏位置后，再调节一次微安表的零点；打开测量旋钮，再调节一次微安表的零点。

⑥ 打开光闸，使散射光进入光电倍增管窗口。观察微安表读数，若读数很小，则调节光量旋钮，使其读数为 100 左右。在保持光量不变的条件下，测取散射角分别为 30°、37.5°、45°、60°、75°、90°、105°、120°、135°、142.5°、150°的光电流读数，读完立即关闭光闸。观察所测数据是否对 90°对称，若不对称，检查是否有灰尘影响。

⑦ 取出散射池，用移液管向其中加入 1mL 原始溶液（此时散射池中溶液浓度记为 c_1），在电磁搅拌器上搅拌 1min，放回恒温浴中，等待 3min 使温度复原。检查高压伏特计的电压是否保持 800V，若有变动，调至 800V，并重调微安表零点。打开光闸，读取上述各个散射角位置处的微安表读数。

⑧ 按照第 7 步骤中的方法测定浓度为 c_2、c_3、…、c_6 时各个散射角的光电流读数。

⑨ 测量结束后，立即关闭所有的开关。取出散射池，用丙酮清洗干净。整理好其他实验用具。

五、思考题

① 用光散射法测定出的重均分子量是相对值还是绝对值？

② 作 Zimm（齐姆）图时所取 q 值不同，得出的图形也不同，但并不影响最后的结果，这是为什么？

③ 假如把所测的聚苯乙烯分子视为高斯链，则依据上述测定结果可计算出其均方旋转半径等于多少？通过比较所测聚苯乙烯分子尺寸与入射光波长的相对大小，本实验中是否应该考虑内干涉效应？

④ 光散射法中使用的激光光源比汞灯光源有哪些优点？

⑤ 本实验所得结果是否令人满意？实验中出现了什么问题？其原因可能是什么？

实验 3　凝胶渗透色谱法测定聚合物的分子量及其分布

一、实验目的

① 了解凝胶渗透色谱法（GPC）测定聚合物分子量及其分布的原理；

② 初步学会用凝胶渗透色谱仪测定聚合物分子量及其分布的操作技术；

③ 用凝胶渗透色谱仪测定出聚苯乙烯试样的 GPC 谱图，并根据 GPC 色谱柱的校正曲线绘出该试样的分子量分布曲线，计算其数均分子量、重均分子量以及多分散系数。

二、实验原理

1. GPC 分离高分子的机理

凝胶渗透色谱仪的色谱柱中装填多孔性微球形状的填料，填料颗粒之间具有一定的间隙，且填料内部具有许多大小不一的孔洞。当聚合物分子随着溶剂在色谱柱中从上向下流动时，由于聚合物分子的尺寸大小不同，能够渗透进入填料内部孔洞的能力和概率也不同，分子尺寸较小的高分子线团所能够进入的孔洞数目多于分子尺寸较大的高分子线团，因而在色谱柱中停留的时间就较长些，这样，在用溶剂不断淋洗色谱柱中的聚合物试样时，尺寸大小不同的高分子在色谱柱中的相对位置逐渐地被拉开。可将色谱柱中的总体积 V_t 分为三部分：

$$V_t = V_0 + V_i + V_g \tag{2-6}$$

式中，V_0 为填料颗粒的间隙体积；V_i 为填料中的孔洞体积；V_g 为填料本身的骨架体积。

定义某种尺寸高分子的分配系数 K_d 为：

$$K_d = \frac{V_i'}{V_i} \tag{2-7}$$

式中，V_i' 为该尺寸的高分子能够进入的填料孔洞体积。又定义淋出体积 V_e 为：

$$V_e = V_0 + V_i' = V_0 + K_d V_i \tag{2-8}$$

若聚合物试样中尺寸较大的高分子不能进入填料中的任何孔洞，则该尺寸的高分子在色谱柱中的活动空间体积最小，为 V_0，其 K_d 值等于 0，V_e 值等于 V_0；若聚合物试样中尺寸较小的高分子能够进入填料中的所有孔洞，则该尺寸的高分子在色谱柱内的活动空间体积最大，为 V_0+V_i，其 K_d 值等于 1，V_e 值等于 V_0+V_i。尺寸处于这两者之间的高分子则可以被色谱柱按照分子量大小分开，它们的 K_d 值处于 0～1 之间，其中分子量较大的高分子的 K_d 值较小，V_e 值较小，因而较先从色谱柱中被淋洗出来，而分子量较小的高分子的 K_d 值较大，V_e 值较大，因而较后从色谱柱中被淋洗出来。实验证明，高分子溶质的分子量 M 和其淋出体积 V_e 之间有对数函数关系：

$$\ln M = A - BV_e \tag{2-9}$$

式中，A、B 为与操作条件及填料有关的常数，可通过实验测定。B 值越小色谱柱的分辨率越高。

2. 凝胶渗透色谱仪及 GPC 谱图

凝胶渗透色谱仪由试样和溶剂的输送系统、浓度检测器（示差折光仪）、分子量检测器（包括电工吸管和光电管等）、记录仪等部件组成。其中，示差折光仪是连续监视样品流路与参比流路之间液体折射率差值的检测器，当样品池和参比池中都是纯溶剂时，折射率差值为零，平衡记录仪的指针不动（指零），而等速移动的记录纸上画出一条直线（基线）。当聚合物试样经色谱柱分离后进入样品池时，溶液的折射率（n_2）与溶剂的折射率（n_1）之差（$\Delta n = n_2 - n_1$）不再为零，此差值与溶液的浓度成正比，记录仪上的指针随着淋出体积的增大而不断地画出其相应的折射率差值，从而绘出 GPC 谱图（即$\Delta n \sim V_e$曲线）。在表 2-2 中列出了一些聚合物适用的溶剂。式（2-9）表明色谱柱一定时，淋出体积的大小反映了被分离开的各个高分子组分的分子量大小。而各个组分在试样中所占的比重一般可通过淋出溶液的浓度（或折射率之差Δn）来反映，要从所测出的 GPC 谱图（$\Delta n \sim V_e$曲线）获得分子量及其分布的结果，还需要从各个 V_e 值算出相应的 M 值，也就是需要知道式（2-9）中 A、B 的具体数值。可以测定一系列已知分子量的单分散性聚合物标准试样的 V_e 值，然后将所用色谱柱的 $\ln M \sim V_e$ 关系用图线表示出来，得到该色谱柱的校准曲线（如图 2-3 所示）。从校准曲线中间部分直线的斜率可求出 B 值，从其截距可求出 A 值。本实验的校准曲线由指导教师提供。

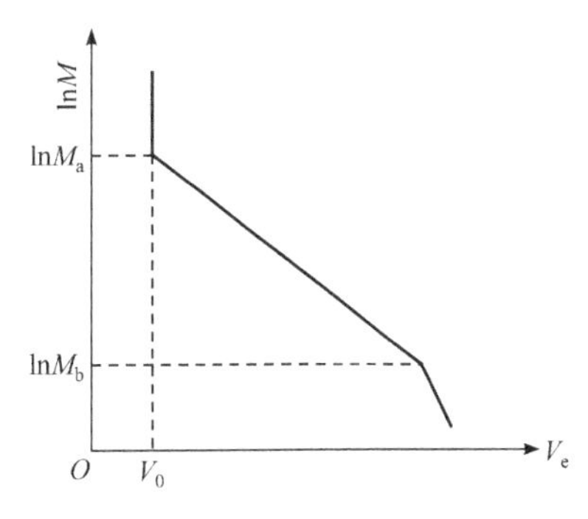

图 2-3　色谱柱的校准曲线

表 2-2　一些聚合物在 GPC 仪器中适用的溶剂

溶剂	使用温度/℃	聚合物
四氢呋喃	室温～45	聚氯乙烯、聚苯乙烯、芳香聚醚环氧树脂
氯仿	室温	硅酮聚合物、正己烯聚合物、四氢吡咯聚合物
间甲酚	20～135	聚酯、聚酰胺、聚氨酯
四氢化萘	135	聚烯烃
二甲基甲酰胺	室温～85	聚丙烯酯、纤维素、聚氨酯
二氯甲烷		聚碳酸酯、聚丁二烯、聚丙烯腈
三氯甲烷		氯丁橡胶
甲苯	室温～70	弹性体和橡胶

三、实验仪器及试剂

1. 实验仪器

凝胶渗透色谱仪、分析天平（十万分之一）、注射器（1mL）、容量瓶（25mL）、样品过滤头。

2. 实验试剂

四氢呋喃（色谱纯）、聚苯乙烯。

四、实验步骤

1. 配制溶剂

溶剂选用四氢呋喃，过滤、超声脱气后，装入试剂瓶中待用。

2. 配制聚苯乙烯溶液

用分析天平准确称取聚苯乙烯试样 0.0250g，置于洁净干燥的 25mL 容量瓶中，用从凝胶渗透色谱仪中抽取的四氢呋喃溶剂将聚苯乙烯溶解，并加溶剂至容量瓶刻度线，摇匀静置待用（试样的浓度一般为 0.05%～0.3%）。

3. 开机

打开电脑，再开 GPC 50 主机和检测器电源。双击打开 PL Instrument Control 仪器控制软件，连接仪器和计算机。

4. 测试系统排气

先打开 Purge 阀（逆时针），将泵流速调至 2mL/min 或 3mL/min，排气 5～15min，观察废液管中流出的溶剂，要求溶剂均匀流出，无气泡。

5. 试样测定

① 设定参数：打开 GPC online，编辑相应的 Workbook，键入文件名并选择保存路径；在 Conditions 界面下，设定柱温为 40℃，测试流量为 1mL/min（溶剂流速一般为 0.5～1.0mL/min）。

② 样品采集：进样之前，检查基线平稳情况。手动进样，将 100μL 已膜过滤样品均匀注入定量环，然后点击 Inject 键。样品进入色谱柱中开始分离，分析。

6. 数据处理

在 Analysis 界面下，对测试曲线进行分析，生成分子量及分子量分布相关数据测试报告。

五、思考题

① 凝胶色谱柱能够按分子量大小分离聚合物试样的机理是什么？

② 用上述的 GPC 法测定聚合物的分子量及其分布的方法，属于相对法还是绝对法？为什么？

③ 分子量相等的支链形分子与直链形分子，哪种先流出色谱柱？

④ 影响本实验结果的因素有哪些？

⑤ 本实验所得结果是否令人满意？实验中出现了什么问题？其原因可能是什么？

实验 4　裂解气相色谱法测定共聚物的组成

一、实验目的

① 了解裂解气相色谱法在聚合物研究上的应用；

② 掌握裂解气相色谱法的实验技术和原理；

③ 根据已知工作曲线，测定甲基丙烯酸甲酯-苯乙烯共聚物的组成。

二、实验原理

裂解气相色谱（pyrolysis gas chromatography）是研究聚合物组成和结构的一种简便而有效的技术。它是由普通气相色谱仪附加裂解器所构成。聚合物样品放在裂解器内，在无氧条件下，用加热或光照的方法，使样品迅速地裂解成可挥发的小分子，进而直接用气相色谱分离和鉴定这些小分子。其流程框图如图 2-4 所示。

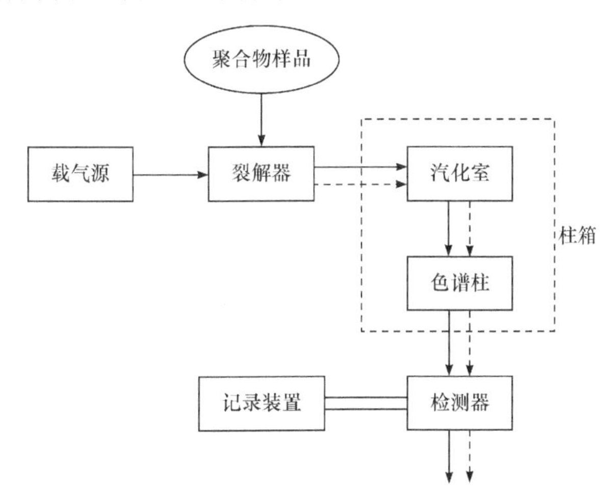

图 2-4 裂解气相色谱流程图

裂解气相色谱具有以下优点：快速、灵敏、分离效率高，以及不受样品物理状态的限制。裂解反应十分复杂，由于实验的重复性差，所以，目前裂解色谱图还没有像红外光谱那样有一套标准图谱，因此进行未知样品鉴定时，往往需要和红外、质谱联用。

在给定的温度、气氛等条件下，聚合物的分子链不同，裂解反应规律也不一样，因此所得裂解产物具有特征性和统计性。这是裂解气相色谱法分析聚合物的基础。通常，聚合物热裂解反应机理大致可归纳为：

① 烯烃类聚合物的解聚、侧基脱除、无规断链；

② 杂链聚合物的 C—N、C—O、C—S 键等弱键断裂。

共聚物的裂解过程比均聚物复杂。由于共聚物分子链是由几种单体组成，单体排列方式不同（无规、嵌段、接枝等），裂解机理和裂解产物分布也不一样。据此，可以用裂解气相色谱法来研究共聚物的微观结构。不管共聚物裂解反应多么复杂，结果都能定量地产生相应的单体或其他特征碎片，而且单体或其他特征碎片的产率与单体在共聚物中的组成有简单的函数关系。因此，可以从单体或特征碎片的产率来计算共聚物各组分的含量。

利用色谱进行定量分析，有“归一化法”和“内标法”等，但是聚合物裂解指纹图复杂，用通常的“归一化法”较麻烦，因此在裂解色谱的定量分析中，最常用的是特征峰测量法。它是从图谱中选择 n 个易于测量的峰（测出其面积 A 或高度 H），以特征峰在其中所占的百分比（$A_{特征}/\sum A$）或特征峰之间的相对比值（$A_{特征(1)}/A_{特征(2)}$）作为参考，找出样品中的定量关系。例如，甲基丙烯酸甲酯（MMA）与苯乙烯（S）的共聚物裂解谱图（参见图 2-5），可选择两者的单体峰作为表征，以 $A_M/(A_M+A_S)$对共聚物组成作图，可得到定量曲线图，如图 2-6 所示。

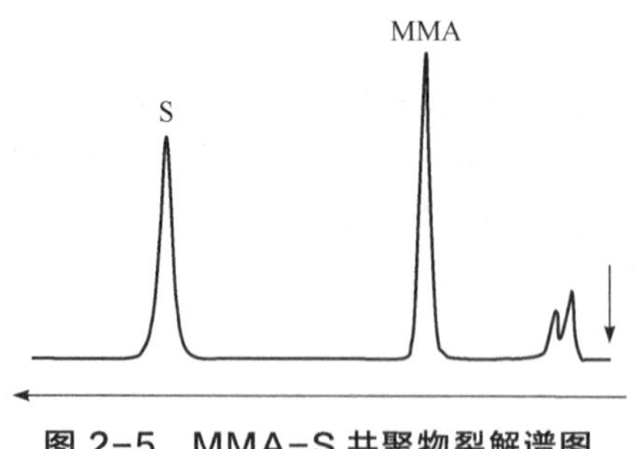

图 2-5　MMA-S 共聚物裂解谱图

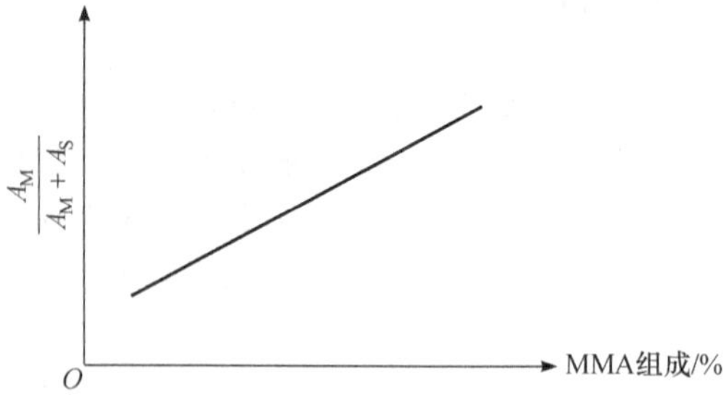

图 2-6　MMA-S 共聚物裂解色谱定量曲线示意图

三、实验仪器及试剂

1. 实验仪器

气相色谱仪、居里点裂解发生器。

2. 实验试剂

甲基丙烯酸甲酯-苯乙烯共聚物样品、DC-550 固定液、丙酮、101 硅烷化白色载体。

四、实验步骤

① 在教师指导下熟悉气相色谱仪的操作规程。

② 制备色谱柱。将 1g DC-550 固定液溶解于 20mL 左右的丙酮中，与 10g 101 硅烷化白色载体（60～80 目）混合，在红外灯下加热，使溶剂缓慢挥发，并不断用玻璃棒轻轻搅拌。干燥后装柱，方法如下：取 2m 长的不锈钢柱，一头塞上玻璃棉，接上真空泵，在抽气下将涂布有固定液的载体吸入柱中，同时轻轻敲击柱子，直至不再吸入为止，另一端也塞上玻璃棉。将装好的柱子装入柱箱（吸气的一端接在靠近检测器的接头上），通 N_2，80℃下老化 4h，使基线平稳。

③ 调节好载气流量，调节柱箱温度至 120℃，汽化温度 150℃，检测器温度 120℃。

④ 用居里点温度在 600℃的居里丝取少量样品，送至高频感应器中。

⑤ 接通居里点裂解发生器电源，设置裂解时间为 2s，3～5min 后打开高压开关。

⑥ 启动采样记录，记录色谱图。

⑦ 待所需最后一个色谱峰出完后，关闭居里点裂解发生器高压开关，取出居里丝。重新装样，重复上述操作。

⑧ 实验完毕后，关闭气源，将各个开关置回原有位置，整理好所有物品。

五、思考题

① 裂解气相色谱法的原理是什么？

② 裂解气相色谱法在聚合物研究中有哪些应用？

③ 典型聚合物的热裂解形式有几种？举例说明。

④ 如何利用裂解气相色谱法研究共混物的组成？

⑤ 为什么要强调各次平行实验中裂解条件及色谱条件应严格相同？

实验 5　核磁共振法测定聚合物的结构

一、实验目的

① 学习核磁共振波谱仪的工作原理和使用方法；

② 掌握用核磁共振技术分析聚合物结构的基本方法；

③ 掌握 NMR 谱图解析的基本方法和技术；

④ 了解 NMR 在高分子结构研究中的应用。

二、实验原理

1. 核磁共振的基本原理

核磁共振（NMR）主要是由原子核的自旋运动引起的。不同的原子核自旋运动的情况不同，它们可以用核的自旋量子数 I 来表示，原子的 I 与其原子序数 Z 和质量 m 有关。I 为零的原子核可以被看作是一种非自旋的球体，I 为 1/2 的原子核可以被看作是一种电荷分布均匀的自旋球体，^{1}H、^{13}C、^{15}N、^{19}F、^{31}P 的 I 均为 1/2，它们的原子核皆为电荷分布均匀的自旋球体。I 大于 1/2 的原子核可以被看作是一种电荷分布不均匀的自旋椭圆体。原子核作为带电荷的质点，自旋时可以产生磁矩 μ，但并非所有的原子核自旋都产生磁矩，只有那些原子序数或质量数为奇数的原子核，自旋时才产生磁矩。具有磁矩的原子核在外磁场作用下发生取向，每一种取向都代表了核在该磁场中的一种能量状态，正向排列的核能量较低，逆向排列的核能量较高，它们之间的能量差为 ΔE。在有外加恒磁场 H 时，核磁矩 μ 将与 H 发生相互作用。如果将由众多相同核组成的体系置于外加磁场 H 中，则某些核处于低能级，而另一些核处于高能级，它们在不同能级间的分布服从玻尔兹曼分配定律，低能级的核数比高能级的多。若在垂直于 H 方向施加一个频率为 ν 的射频场 H'，当满足 $\Delta E=h\nu$ 时，则处于低能级的核会从射频场吸收能量跃迁至高能级，即产生所谓的 NMR 吸收，通常是固定 ν 改变 H，记录所测得的 NMR 吸收能量与 H 的关系，即得到样品的 NMR 谱。

2. NMR 谱线的特征

（1）NMR 的谱线位置

置于外加恒磁场 H 中的样品中所有质子（例如—CH_3、—CH_2 和—CH 基团中的氢原子）的进动频率是不同的，任何一个质子的精确频率值取决于它的化学环境（一个碳原子上某个质子的屏蔽程度取决于键合在该碳原子上其他质子团的诱导效应）。因此，频率的移动被称为化学移动。两个不同的质子团在谱图上有不同的化学位移位置。一组核的进动频率（吸收位置）很难用绝对频率单位表示，通常测量的是与参照物的频率差，最常用的参照物是四甲基硅烷（TMS），在 H 谱和 C 谱中都规定 $\delta_{TMS}=0$。通常 ^{1}H 的 $\delta\approx0\sim20\times10^{-6}$，$^{13}C$ 的 $\delta\approx0\sim600\times10^{-6}$。

（2）NMR 谱线强度

谱线强度是指信号的总强度，是样品在共振时吸收的总能量。NMR 谱线强度就是一条 NMR 吸收曲线下的面积积分图。谱图中每个 NMR 信号下的面积正比于该基团中氢原子的数目。在 NMR 波谱仪上通过对每一信号积分自动地测出峰面积，积分值在图上标绘成一条连续的曲线，检测到一个信号就出现一个台阶，台阶高度与峰面积成正比。宽峰的积分准确性比窄峰差，混合物的质子 NMR 的积分线能够提供有关各组分相对含量的信息。当混合物的组分很难分离或不能分离时，用这种技术做定量分析是特别有用的。

（3）NMR 谱线的分裂

磁核能级的分裂是将一个含磁核的体系暴露于磁场内导致能级数目增多的现象。NMR 谱线的分裂是由相邻质子间的自旋偶合作用引起的，并且与这些临近质子所具有的自旋取向数有关，这种现象称作自旋-自旋分裂或自旋偶合。在一个 NMR 信号中可以看到一组质子的谱线数目（多重性）与这些临近质子数目无关，却与相邻基团中质子的数目有关。（n+1）规则有助于求出一组质子发出的信号的多重性，其中 n 是相邻质子的个数。

三、实验仪器及试剂

1. 实验仪器

核磁共振波谱仪、试样管、试样管清洗器。

2. 实验试剂

聚合物样品、TMS、氘代溶剂。

四、实验步骤

1. 试剂配制

称取 20mg 左右的聚合物样品，装入核磁共振试样管中，然后加入 0.5～1.0mL 的氘代溶剂盖好盖子，振摇使聚合物样品充分溶解。

2. 测试

① 仪器状态检查和调试。将混合标样管（或仪器所带标样管）放入探头内，检查并调试仪器状态，直至符合采样要求。

② 待测样品测试。将混合标样管从探头内取出，换入试样管后，采集记录样品的核磁共振信号，进行必要的数据处理，绘制积分曲线。解析谱图，读出各种峰的化学位移，判断偶合裂分峰形，计算原子比例，获得需要的结构信息。

3. 后处理

测试完成后，从探头中取出试样管，将管中的溶液倒入废液瓶中。然后将试管架在试样管清洗器上，用溶剂、自来水、蒸馏水依次清洗试样管数次，放入烘箱，干燥后再用。

五、思考题

① 产生核磁共振的必要条件是什么？

② 何谓屏蔽作用和化学位移？

③ 从 ^{1}H-NMR 和 ^{13}C-NMR 获得的信息有何差异？

④ 核磁共振谱图能提供哪些结构信息？

⑤ 聚合物样品做核磁共振谱时对其纯度有何要求？

实验 6　差示扫描量热法测定聚合物的热转变

一、实验目的

① 了解差示扫描量热仪的基本构造和工作原理，并掌握如何操作仪器；

② 学会用 DSC 测定高聚物 T_g、T_c、T_m 的方法。

二、实验原理

差示扫描量热法是在温度程序控制下，测量试样相对于参比物的热流速率随温度变化的一种技术，简称 DSC（differential scanning calorimetry）。试样在受热或冷却过程中，由于发生物理变化或化学变化而产生热效应，这些热效应均可用 DSC 进行检测。

DSC 和 DTA 的曲线模式基本相似。差热分析（differential thermal analysis，简称 DTA）的原理是在程序控制温度下，测量物质和参比物（一种热惰性物质，如α-Al_2O_3）之间的温度差与温度（或时间）关系的一种技术。描述这种关系的曲线称为差热曲线或 DTA 曲线（图 2-7），由于试样和参比物之间的温度差主要取决于试样的温度变化，因此就其本质来说，差热分析是一种主要与焓变测定有关的技术。

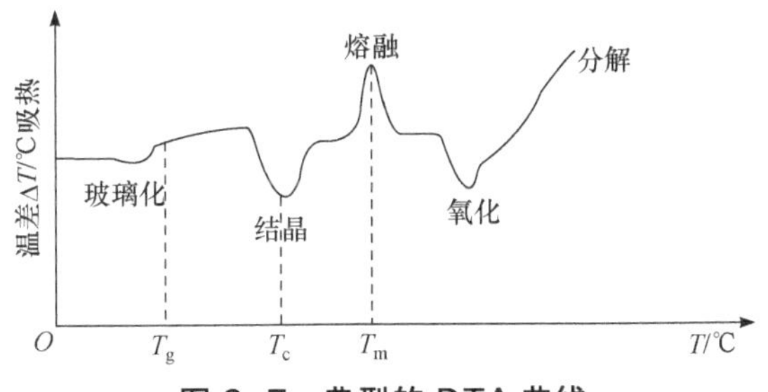

图 2-7　典型的 DTA 曲线

目前发展的 DSC 主要有热流型和功率补偿型两类，热流型 DSC 的原理与 DTA 类似，只是测温元件是贴附在样品支架上，而不像经典 DTA 那样插在样品或参比物内。功率补偿型 DSC 的原理是，在程序升温（或降温、恒温）的过程中，始终保持试样与参比物的温度相同，为此试样和参比物各用一个独立的加热器和温度检测器。当试样发生吸热效应时，由补偿加热器增加热量，使试样和参比物之间保持相同温度；反之，当试样产生放热效应时，则减少热量，使试样和参比物之间仍保持相同温度。然后将此补偿的功率直接记录下来，它精确地等于吸热和放热的热量，因此可以得到热流速率（dH/dt 或 dQ/dt）对温度的关系曲线，即 DSC 曲线，热流速率的单位可以是 W（即 J/s）或 W/g，后者与样品量无关，又称为热流量。横坐标有时采用时间代替温度，特别是做动力学研究或恒温测定时。

DSC 与 DTA 不同的是其在测量池底部装有功率补偿器和功率放大器。因此在示差温度回路里，DSC 和 DTA 显示出截然不同的特征，两个测量池上的铂电阻温度计除了供给上述的平均温度信号外，还交替地提供试样池和参比池的温度差ΔT，并输入温度差值放大器。当试样产生放热反应时，试样池的温度高于参比池，产生温差电势，经差热放大器放大后送入功率补偿器，在补偿功率作用下，补偿热量随试样热量变化，即表征试样产生的热效应，因此实验中补偿功率随时间（温度）的变化也就反映了试样放热速度（或吸热速度）随时间（温度）的变化，即 DSC 曲线。

三、实验仪器及试剂

1. 实验仪器

差示扫描量热仪、分析天平（十万分之一）。

2. 实验试剂

聚乙烯、聚对苯二甲酸乙二醇酯、氮气。

四、实验步骤

① 打开氮气瓶的总阀，并将减压阀的压力调到 0.1MPa，调节差示扫描量热仪上保护气的体积流量为 150mL/min。

② 打开电脑和差示扫描量热仪的总电源开关，预热 10min，开启机械制冷设备。

③ 打开测试软件，设置测试方法，测试温度为-80～250℃，升温速率为 10℃/min。

④ 在分析天平上准确称量 5～6mg 两种高聚物试样，分别放入各自的铝坩埚中；开启差示扫描量热仪的炉体，将装有试样的坩埚和参比物坩埚分别置于各自的托架上，关闭炉体。

⑤ 在测试软件中输入聚合物的名称、质量等参数，启动测试程序。

⑥ 测量结束后，保存文件，并用分析软件分析 DSC 曲线，找出对应的参量。

⑦ 差示扫描量热仪降温到室温附近，关闭机械制冷，然后关闭测量软件及仪器总电源，用镊子轻轻夹出样品坩埚，最后关闭保护气。

五、思考题

① DSC 测定高聚物的玻璃化转变温度的原理是什么？如何在 DSC 曲线上找玻璃化转变温度？

② DSC 测定高聚物的结晶度的原理是什么？

③ 仪器的操作条件对实验结果有何影响？

实验 7　聚合物的热重分析

一、实验目的

① 了解热重分析仪的基本构造和工作原理，并掌握如何操作仪器；

② 掌握利用热重分析法评价高聚物的热稳定性。

二、实验原理

热重分析（TGA）是指在程序控制升温条件下，测量物质的质量与温度变化的函数关系的一种技术。热重分析在高分子科学中有着广泛的应用，可用来研究聚合物在各种气氛中的热稳定性和热分解情况。除此之外，还可用来研究固相反应，测定水分挥发物或者吸收、吸附和解吸附过程，以及研究气化速度、升华温度、氧化降解、增塑剂挥发性、水解和吸湿性、塑料和复合材料的组分等。热重分析具有分析速度快、样品用量少的特点。在实际的材料分析中热重分析经常与其他方法联用，以全面准确地对材料进行分析。

热重分析仪一般由四个部分组成：电子天平、加热炉、程序控温系统和数据处理系统。通常，TGA 谱图是试样的质量残余率 Y（%）对温度 T 的变化曲线，也称作热重曲线；或者是试样的质量残余率随时间的变化率 dY/dt 对温度 T 的变化曲线，这种曲线称作微商热重曲线（DTG），如图 2-8 所示。在图中，开始阶段试样有少量的质量损失，损失率为（$100-Y_1$）%，这是由高聚物中溶剂的解吸所致。如果质量损失发生在 100℃附近，则可能是失水所致。加热炉继续升温，当温度达到 T_1 时，试样开始出现较大的质量损失，直至 T_2，损失率为（Y_2-Y_1）%；在 T_2 至 T_3 阶段，分解后的物料相对稳定，没有出现明显的失重现象；随着温度继续升高，试样发生了进一步的分解。图中的 T_1 称为分解温度，有时取 C 点的切线与 AB 延长线相交处的温度 T_1' 作为分解温度，后者数值偏高。

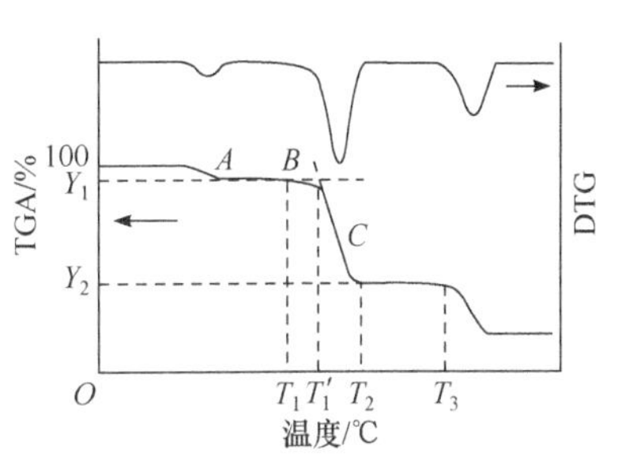

图 2-8　典型的 TGA 曲线

三、实验仪器及试剂

1. 实验仪器

热重分析仪。

2. 实验试剂

聚乙烯、聚氯乙烯、氮气。

四、实验步骤

1. 实验内容

① 分别测出聚乙烯、聚氯乙烯的 TGA 曲线，比较它们的热稳定性，并运用分子结构与性能之间的关系来解释实验现象。

② 学会使用热重分析仪的分析软件处理 TGA 曲线。

2. 实验操作

① 打开氮气瓶的总阀，并将减压阀的压力调到 0.1MPa，调节差示扫描量热仪上保护气的体积流量为 20mL/min；打开恒温水浴开关，温度恒温在 25℃。

② 开启电脑和热重分析仪的总电源开关，预热 10min。

③ 打开测试软件，设置测试方法，测试温度为25～600℃，升温速率为20℃/min。

④ 打开炉体，放入空白陶瓷坩埚，闭合炉体，按上述测试方法测试空白组2次。

⑤ 待上一程序正常结束并冷却至80℃以下时，打开炉体，分别在坩埚中放入聚合物试样，将装有试样的坩埚置于炉腔中的托盘上，关闭炉体，利用热重分析仪自带的天平称出样品的质量。

⑥ 在测试软件中输入聚合物的名称、质量等参数，选中"扣除空白"选框，启动测试程序。

⑦ 测量结束后，保存文件，并用分析软件分析TGA曲线，求出试样的分解温度T_d。

⑧ 让热重分析仪炉体温度降到80℃以下，然后打开炉体，用镊子轻轻夹出样品坩埚，关闭测量软件及仪器总电源，最后关闭保护气和恒温水浴开关。

五、思考题

① 利用热重分析法测定高聚物热稳定性的原理是什么？

② 实验条件对测定结果有何影响？

③ 讨论热重分析在高分子学科的主要应用有哪些？

实验8　扫描电子显微镜观察聚合物的微观形貌

一、实验目的

① 了解扫描电子显微镜的基本结构和工作原理；

② 掌握扫描电子显微镜样品的制备方法；

③ 掌握扫描电子显微镜的基本操作。

二、实验原理

扫描电子显微镜与光学显微镜一样，是直接观察物质微观形貌的重要手段，但它具有比光学显微镜更高的放大倍数（几千倍到20万倍）和分辨能力（达到纳米级），被广泛应用于研究、观察物质的微观形貌、结构和化学成分等。

扫描电子显微镜的工作原理如图2-9所示，扫描电子显微镜主要由电子光学系统、真空系统、信号检测放大系统、图像显示和记录系统组成。其中，磁透镜是电子光学系统的核心，它使电子束聚焦。电子光学系统的上部是由电子枪和第一透镜、第二透镜组成的照明系统。电子枪又分为灯丝阴极、栅极、加速阳极三部分。电流通过灯丝后发射出电子，栅极电压比灯丝负几百伏，使电子会聚，改变栅极电压可以改变电子束尺寸；加速阳极可以具有比灯丝高5×10^4V甚至数十万伏的高压，使电子加速。透镜的作用是使电子束聚焦到所观察的试样上，通过改变透镜的激励电流来改变透镜的磁场强度，形成很细的电子束；中间的扫描线圈的作用是使电子束在样品上逐点扫描，以便使电子束轰击样品表面，使其发射出二次电子、背散射电子、X射线等；下端是信号探测器，接收从样品发出的上述信号。扫描电子显微镜的真空系统由机械泵（前级真空泵）、扩散泵（高真空泵）、真空管道和阀门以及空气干燥器、冷却装置、真空指示器等组成。

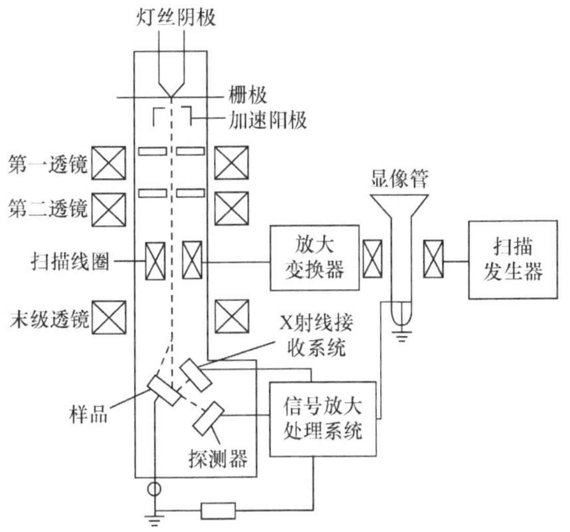

图 2-9 扫描电子显微镜结构原理

扫描电子显微镜具有接收二次电子和背散射电子成像的功能。二次电子是指入射电子轰击样品后，激发原子外层电子发射出的电子，它的能量小，处在 0～50eV 之间。二次电子成像与样品表面的物化性状有关，被用来研究样品的表面形貌。分辨能力高，可以达到 5～10nm。背散射电子是指入射电子被样品表面以散射形式弹回来的电子，样品表面散射电子的能力与其表面组成原子的原子序数有关，原子序数越大，弹射回来的电子数目越多，在显示样品成分差异或相的差异方面，背散射电子像的效果就越好。

扫描电子显微镜突出的优点是样品制备简单，对样品的厚度要求不高。导电样品一般不需要做任何处理即可进行观察。聚合物样品由于不导电，在电子束的作用下，尤其是在进行高倍数观察时，可能会发生电荷积累（即充电）、熔融或分解现象，所以这类非导电样品在观察前表面需要进行镀导电层处理。

三、实验仪器及试剂

1. 实验仪器

扫描电子显微镜、真空镀膜机。

2. 实验试剂

聚乙烯和聚丙烯薄片、三氧化铬、浓硫酸。

四、实验步骤

1. 样品制备

① 将聚乙烯和聚丙烯薄片切成合适的大小，对扫描电子显微镜来说，样品可以稍大些，面积可达 8mm×8mm，厚度可达 5mm，在制样过程中尽可能使样品的表面结构保存完好，不能有变形和污染。

② 试样的蚀刻。称取 50g 的三氧化铬，用 20mL 的水溶解后，再加入 20mL 的浓

硫酸。然后将聚乙烯和聚丙烯薄片置于蚀刻液中，于 80℃下蚀刻 5～15min。取出水洗、干燥，蚀刻剂对样品的晶区和非晶区具有不同的选择性蚀刻作用，蚀刻后可更清楚地显露样品的结构形态。

2. 真空镀膜

将上述处理后的样品用导电胶固定在样品底座上，待导电胶干燥后，放入真空镀膜机中镀上 10nm 厚的金膜。

3. 样品形态结构的观察

① 在教师的指导下开启仪器。

② 调节物镜粗细旋钮，进行聚焦，同时调节对比度、亮度，以使显示屏上的图像清晰。

③ 先在低倍镜下观察样品的形态全貌，然后提高放大倍数，观察聚乙烯、聚丙烯晶体的精细结构。

④ 将工作模式转向拍照位置，每个样品在不同放大倍数、不同区域各拍摄形态结构一张。

⑤ 实验结束，拷贝图像，取出样品，并按要求关闭仪器。

五、思考题

① 结合实验条件，讨论这两个样品结晶形态的特点。

② 比较光学显微镜和扫描电子显微镜在高聚物聚集态结构研究中的作用和特点。

实验 9　透射电子显微镜观察聚合物的微相结构

一、实验目的

① 熟悉透射电子显微镜的基本结构和工作原理；

② 初步掌握聚合物乳胶的制样技术和测试方法。

二、实验原理

光学显微镜的极限放大倍数为 1000 倍左右，最大分辨率为 200nm，可用来观察尺寸较大的结构，如球晶等。一般透射电子显微镜的分辨率为 1nm 左右，可用于研究高分子的两相结构、结晶聚合物的结晶结构以及非晶态聚合物的聚集形态等。

1. 透射电子显微镜的工作原理

透射电子显微镜的结构与光学显微镜相似，也是由光源、物镜和投影镜、记录系统三部分组成，只是透射电子显微镜光源是由电子枪产生的电子束，电子束经聚光镜集束后，照射在样品上，透过样品的电子经物镜、中间镜和投影镜，最后在荧光屏上成像，如图 2-10 所示。透射电子显微镜中所用的透镜都是电磁透镜，是通过电磁作用使电子束聚焦的，因此只要改变透镜线圈的电流，就可以使电镜的放大倍数连续变化。透射电子显微镜的分辨率与电子枪阳极的加速电压有关，加速电压越高，电子波的波长就越强、分辨率就越高。

2. **像反差的形成原理**

当透射电子显微镜的照明源中插入样品之后，原来均匀的电子束变得不均匀。样品膜中质量厚度大的区域因散射电子多而出现透射电子数不足的现象，此区域经放大后成为暗区；而样品膜中质量厚度小的区域因透射电子较多，散射电子较少而成为亮区。通过样品后的这种不均匀的电子束被荧光屏截获，即成为反映样品信息的透射电子显微镜黑白图像。对于那些质量厚度差别不大的样品，常常需要用电子染色的方法来加强样品本身、样品四周（背景）或样品某些部分的电子密度，从而使不同区域散射电子的数量差别增大，进而改善图像的明暗差别，即增强反差。

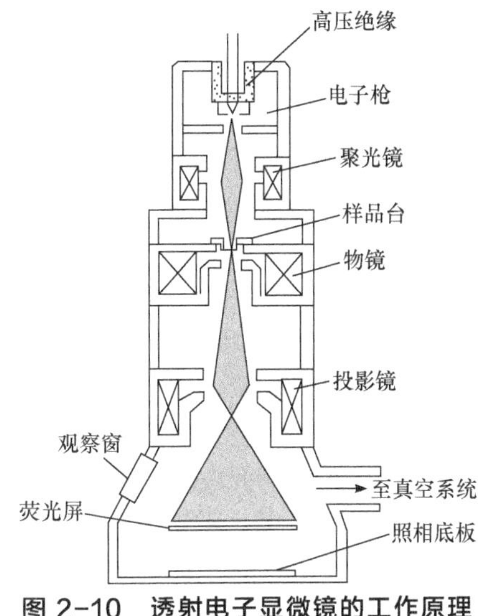

图 2-10　透射电子显微镜的工作原理示意图

3. **样品制备**

对聚合物的研究来说有两种类型：如果观察多相结构，采用超薄切片；如果观察单晶、球晶或表面形貌，常常需将样品做复型处理。制备超薄切片时需应用专门的超薄切片机，厚度不超过 100nm，通常为 20～50nm。试样过厚，因电子投射能力弱或多层次上的图像交叠而不能观察。在观察超薄切片的两相结构时，只有当处于不同相内的聚合物对电子的散射能力存在明显差异时，才能形成图像。但通常这种差异不大，需要对试样进行选择性染色。聚双烯烃可用 O_SO_4 溶液染色，双键与 O_SO_4 的结合使聚双烯烃获得很高的散射能力。对于不含双键的聚合物，染色比较困难。另一方面，高能量电子束轰击样品表面时，被辐射部分的温度会急剧升高，甚至造成聚合物结构发生变化。这一问题可通过冷却样品台、缩短观察时间、提高加速电压加以改善，但多数情况下，需要对聚合物试样进行复型。对复型膜进行观察时，常用重金属 Cd 和 Pt 投影喷镀复型膜来增加反差。

三、实验仪器及试剂

1. **实验仪器**

透射电子显微镜、超声波清洗器、铜网喷碳的支持膜、小玻璃瓶、玻璃棒、弯头镊子、培养皿。

2. **实验试剂**

乳胶或其他液体状或粉末状聚合物样品。

四、实验步骤

1. **样品的制备**

（1）试样的稀释或分散

① 水溶性试样。用玻璃棒蘸取少许试样，加入装有双蒸水的小玻璃瓶中，充分摇匀。若稀释不够，可倾去部分稀释液后再行稀释，直至满意为止。对于很难分散的试样，可在

双蒸水中加入少量乳化剂促进分散，亦可将小玻璃瓶放入超声波清洗器中振荡片刻。一定要注意振荡时间不可过长，长时间的超声振荡不但不会促进分散，有时还会造成样品颗粒凝集。

② 溶剂型试样。方法同上，只需将双蒸水改换成相应的溶剂即可。

③ 粉末状固体。取少许粉末加入小玻璃瓶中，注入双蒸水或溶剂，将小玻璃瓶置于超声波清洗器中振荡一段时间（一般几分钟），待粉末与液体混合成均匀的浊液即可。若浊液浓度过大，可倾去一部分，再行稀释。

④ 块状或膜状。对于样品厚度超过 100nm 的膜状甚至块状样品，应考虑采用超薄切片或离子减薄技术，此处不做赘述。

（2）试样的装载

对于粒径较大或者粒径虽不大但其组成中含有较重元素的试样，不需要电子染色，可直接蘸样。该方法具体操作如下：用弯头镊子轻轻夹住复膜铜网的边缘，膜面朝下蘸取已分散完好的试样稀释液，小心将铜网放在做记号的小滤纸片上，待铜网上液滴充分干燥后，即可上镜观察。

（3）电子染色

对于粒径很小且由轻元素组成的试样，应考虑电子染色技术，以增大试样不同区域散射电子数量的差别，从而增强图像的反差，便于观察者能肉眼清晰分辨。常用的电子染料是含有重金属元素的盐或氧化物，如磷钨酸、乙酸铀、四氧化锇、四氧化钌等，常用的染色方法有以下两种。

① 混合染色法。此法适合于用水分散的试样，因绝大多数的电子染料都能溶于水，试样与电子染料均以水为介质，很容易混合。具体操作如下：取稀释完好的试样液 2mL，向稀释液中滴加电子染料 1～3 滴，迅速混合均匀，立即蘸样或经 2～5min 后蘸样，充分干燥后，即可上镜观察。

② 漂浮染色法。溶剂型试样和其他不适用混合染色法的试样，可用漂浮染色法。具体操作如下：用复膜铜网蘸上述试样稀释液，待网上液滴将干未干时，将复膜铜网膜面朝下漂浮于染色液液滴上（所用染液浓度应小于 0.5%），一段时间（2～10min）后，夹起铜网，用滤纸吸去多余染液，待网上液体充分干燥后，即可上镜观察。若试样为溶剂型聚合物，蘸样后应让溶剂充分挥发。若需要在短时间内挥发干净，可将铜网放入真空中抽提，然后再行漂浮染色。

在上述制样过程中，应注意以下几点：

① 所用器皿一定要干净。

② 放置铜网要小心细致，膜面不能有破损和污染。

③ 风干过程要避免污染。

2. 仪器调试和观测

开启透射电子显微镜，调试仪器后，将欲观察的铜网膜面朝上放入样品架中，送入镜筒观察。在低倍镜下观察样品的整体情况，然后选择合适的区域放大，变换放大倍数后，重新聚焦，将有价值的信息以拍照的方式记录下来，并在记录本上记录观察要点和拍照结果。将样品更换杆送入镜筒，撤出样品，换另一样品进行观察。

3. 结果分析

根据对制样条件、观察结果及样品特性等的综合分析，对图片进行合理解析。

五、思考题

① 透射电子显微镜的分辨率如何计算？简述成像反差的形成原理。

② 电子染色的意义是什么？常见的电子染色法有哪几种？各自适用的条件是什么？

实验 10　X 射线衍射法分析聚合物的晶体结构

一、实验目的

① 掌握 X 射线衍射分析的基本原理与使用方法；

② 对多晶聚丙烯进行 X 射线衍射测定，计算其结晶度和晶粒度。

二、实验原理

1. X 射线衍射的基本原理

每一种晶体都有特定的化学组成和晶体结构，且具有周期性结构，如图 2-11 所示。一个立体的晶体结构可以看成是由一些完全相同的原子平面（晶面 hkl）按一定的距离（晶面间距 d_{hkl}，简写为 d）平行排列而成，每一个晶面对应一个特定的晶面距离，故一个晶体必然存在着一组特定的 d 值（包含 d'，d''，d'''）。因此，当 X 射线通过晶体时，每一种晶体都有自己特定的衍射花样，其特征可以用晶面间距 d 和衍射光的相对强度来表示。晶面间距 d 与晶胞的大小、形状有关，相对强度则与晶胞中所含原子的种类、数目及其在晶胞中的位置有关，假定晶体中某一晶面间距为 d，波长为λ的 X 射线以夹角 θ 射入晶体，如图 2-12 所示。

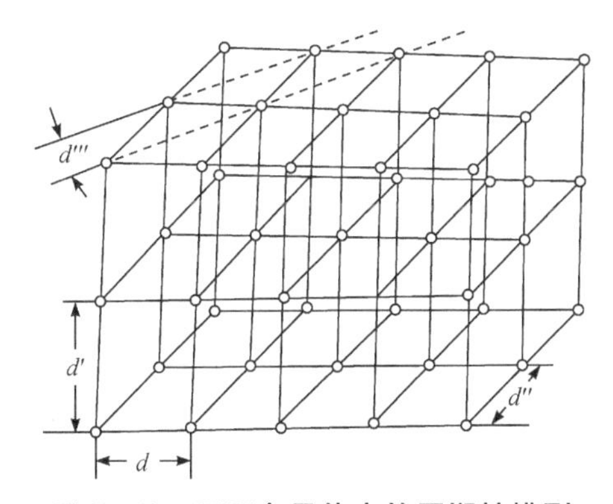

图 2-11　原子在晶体中的周期性排列

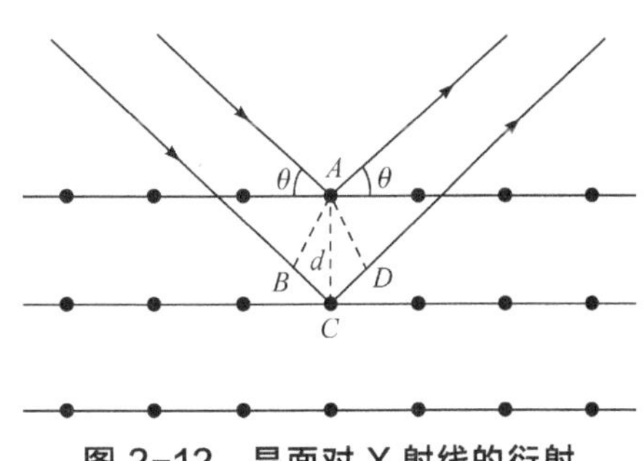

图 2-12　晶面对 X 射线的衍射

在同一晶面上，入射线与散射线所经过的光程相等；在相邻的两个原子面网上散射出来的 X 射线有光程差，只有当光程差等于入射波长的整数倍时，才能产生被加强了的衍射线，即布拉格（Bragg）方程

$$2d\sin\theta = n\lambda \tag{2-10}$$

式中，n 是整数。已知入射 X 射线的波长和实验所测得的夹角，即可算出晶面间距 d。

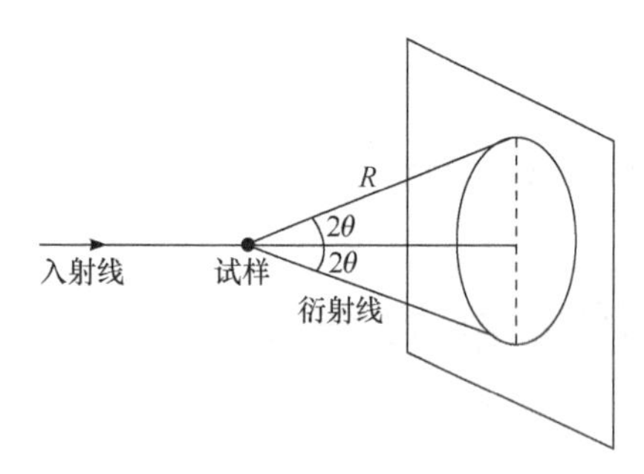

图 2-13　X射线衍射示意图

图 2-13 是某一晶面以θ夹角绕入射线旋转一周，则其衍射线形成了连续的圆锥体，其半圆锥角为2θ。对于不同d值的晶面只要其夹角符合式(2-10)的条件，都能产生圆锥形的衍射线组。实验中不是将具有各种 d 值的被测晶面以 θ 夹角绕入射线旋转，而是将被测样品磨成粉末，制成粉末样品，则样品中的晶体做完全无规则的排列，存在着各种可能的晶面取向。由粉末衍射法能得到一系列的衍射数据，可以用德拜照相法或者衍射仪法记录下来。本实验采用 X 射线衍射仪，直接测定和记录晶体所产生的衍射线的夹角 θ 和强度 I，当衍射仪的辐射探测器计数管绕样品扫描一周时，就可以依次将各个衍射峰记录下来。

2. 结晶聚合物分析

在结晶高聚物体系中，结晶和非结晶两种结构对 X 射线衍射贡献不同。结晶部分衍射只发生在特定的 θ 角方向上，衍射光有很高的强度，会出现很窄的衍射峰，其峰位置由晶面间距 d 决定；非结晶部分在全部角度内散射。将衍射峰分解为结晶和非结晶两部分，结晶峰面积与总面积之比就是结晶度 f_c。

$$f_c = \frac{I_c}{I_0} = \frac{I_c}{I_0 + I_a} \tag{2-11}$$

式中，I_c为结晶衍射的积分强度；I_a为非晶散射的积分强度；I_0为总面积。

三、实验仪器及试剂

1. 实验仪器

X 射线衍射仪、铜靶 X 光管（波长$\lambda = 154$nm）。

2. 实验试剂

待测样品（淬火处理和高温结晶处理的等规聚丙烯）。

四、实验步骤

1. 样品制备

① 淬火处理等规聚丙烯。将等规聚丙烯在 240℃下热压成 1～2 mm 厚的试片，在冰水中骤冷。

② 高温结晶处理等规聚丙烯。将等规聚丙烯在 240℃下热压成 1～2 mm 厚，在 140℃的烘箱中恒温 1h 后，在空气中冷却至室温。

2. 衍射仪操作

① 开机前准备和检查。将准备好的试样插入衍射仪样品架，盖上顶盖，关闭好防护罩。开启水龙头，使冷却水流通。检查 X 光管电源，打开稳压电源。

② 开机操作。开启衍射仪总电源，启动循环水泵。待准备灯亮后，接通 X 光管电源，缓慢升高电压、电流至需要值（若为新 X 光管或停机再用，需预先在低管压、管流下“老化”后再用），设置适当的衍射条件。打开记录仪和 X 光管窗口，使计数

管在设定条件下扫描。

③ 停机操作。测量完毕，关闭 X 光管窗口和记录仪电源。利用快慢旋转使测角仪计数管恢复至初始状态。缓慢依次降低管电流、电压至最小值，关闭 X 光管电源，取出试样，15min 后关闭循环水泵、水龙头，关闭衍射仪总电源、稳压电源及线路总电源。

3. 实验要求

本实验要求测量两个不同结晶条件的等规聚丙烯样品的衍射谱，对谱图作如下处理。

① 结晶度计算。对于α晶型的等规聚丙烯，近似地把（110）和（040）两峰间最低点的强度值作为非晶散射的最高值，由此分离出非晶散射部分。因而，实验曲线下的总面积就相当于总的衍射强度 I_0。总面积减去非晶散射下的面积 I_a 就相当于结晶衍射的强度 I_c，即可求得结晶度 f_c。

② 晶粒度计算。由衍射谱读出 hkl 晶面的衍射峰的半高宽β_{hkl}，即峰位θ，计算出核晶面方向的晶粒度。讨论不同结晶条件对结晶度、晶粒大小的影响。

五、思考题

① 影响结晶度的主要因素有哪些？

② X 射线在晶体上产生衍射的条件是什么？

③ 除 X 射线衍射法外，还可以使用哪些手段来测定高聚物的结晶度？

④ 除仪器因素外，X 射线衍射图上的峰位置不正确可能是由哪些因素造成的？

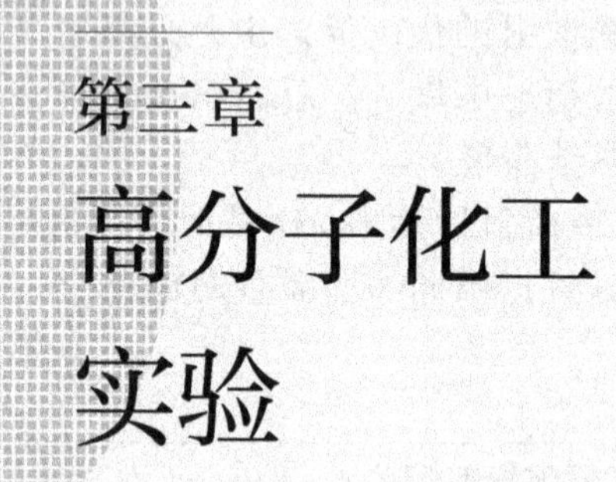

第三章

高分子化工实验

实验 11 聚醋酸乙烯酯及其衍生物的制备

实验Ⅰ 原料的精制

一、实验目的

① 掌握引发剂偶氮二异丁腈的精制原理和方法；

② 掌握醋酸乙烯单体的精制原理和精制方法。

二、实验原理

① 引发剂具有重要的作用（提供自由基），引发剂的纯度不仅影响聚合反应的速率和产物的分子量，甚至影响聚合反应能否进行。偶氮二异丁腈（AIBN）是一种被广泛应用的油溶性引发剂，常温下为白色结晶固体，熔点 102～104℃。溶于乙醇、乙醚、甲苯和苯胺，易燃。

可利用其在冷热溶剂（如甲醇）中的溶解度差异进行反复重结晶对偶氮二异丁腈提纯。

② 醋酸乙烯（乙酸乙烯）中各种杂质对其聚合有影响。醋酸乙烯是无色透明液体。沸点 72.5℃，冰点–100℃，密度 $D_4^{20}=0.9342$，折射率 $n_D^{20}=1.3956$。在水中的溶解度（20℃）为 2.5%，可与醇互溶。

目前我国工业上采用乙炔气相法生产醋酸乙烯。在此生产过程中，副产品种类很多。其中对醋酸乙烯聚合影响较大的物质有：乙醛、巴豆醛（丁烯醛）、乙烯基乙炔、二乙烯基乙炔等。

在实验室中使用的醋酸乙烯，为了便于存储，在单体中还加入了 0.01%～0.03%对苯二酚阻聚剂，以防止单体自聚。此外，单体中还含有少量酸、水分和其他杂质等。因此在聚合反应前，必须对单体进行提纯。

三、实验仪器及试剂

1. 实验仪器

恒温水浴、量筒（50mL）、烧杯（250mL）、锥形瓶（150mL）、分液漏斗（125mL）、布氏漏斗。

2. 实验试剂

偶氮二异丁腈、95%乙醇、醋酸乙烯、亚硫酸氢钠、碳酸钠、无水硫酸镁。

四、实验步骤

1. 偶氮二异丁腈的精制

在 150mL 的锥形瓶中加入 50mL 乙醇（95%），于水浴中加热至接近沸腾，迅速加入 5g 偶氮二异丁腈，用玻璃棒搅拌使其全部溶解。热溶液快速抽滤，滤液冷却后得到白色结晶，用布氏漏斗抽滤白色结晶，得到的固体在真空干燥箱中于 30℃下干燥，称重。

2. 醋酸乙烯的精制

将 30mL 的醋酸乙烯放在 125mL 的分液漏斗中，用饱和亚硫酸氢钠溶液洗涤三次，每次 60mL，然后用蒸馏水洗涤三次。再用饱和碳酸钠溶液洗涤三次，每次用量 60mL，然后用蒸馏水洗涤三次，最后将醋酸乙烯放入磨口锥形瓶中，用无水硫酸镁干燥，静置过夜。

醋酸乙烯纯度的分析可采用溴化法和气相色谱法。

五、思考题

写出偶氮二异丁腈的分解反应方程式。

实验Ⅱ 聚醋酸乙烯酯的制备

一、实验目的

① 通过配制溶液掌握溶液聚合的基本组分；
② 掌握溶液聚合的反应特点。

二、实验原理

溶液聚合是单体、引发剂在适当的溶剂中进行的聚合反应。根据聚合物在溶剂中溶解与否，溶液聚合又分为均相溶液聚合和非均相溶液聚合（沉淀聚合）。自由基聚合、离子聚合和缩聚反应均可采用溶液聚合。

溶液聚合的一个突出特点就是在聚合过程中存在链转移问题。高分子链自由基向溶剂分子的链转移可在不同程度上使产物的分子量降低。聚合温度也很重要，随着温度的升高，反应速率加快，分子量降低。当其他条件固定时，随着温度升高，链转移反应速率也增加，所以选择合适的温度，对保证聚合物的质量是很有意义的。

单体转化率对分子量及分子量分布也有一定影响，因为随着转化率的变化，如引发剂、单体、溶剂及生成的大分子等的浓度均发生了变化，所以在不同时期里，生成的高聚物的分子量也不同。转化率越高，分子量分布也就越宽。

在溶剂浓度较小的醋酸乙烯聚合反应中，一般随转化率增加，反应速率逐渐增加。这说明有自动加速现象存在。当转化率达 50%左右时，反应速率开始急剧下降。在这种条件下，要达到高转化率，聚合时间就要加长。因此，在工业生产中，转化率一般控制在 50%左右。

三、实验仪器及试剂

1. 实验仪器

玻璃反应釜（5L）、量筒（1000mL）、烧杯（50mL、250mL）。

2. 实验试剂

醋酸乙烯、偶氮二异丁腈（精制）、甲醇。

四、实验步骤

在带有搅拌器、回流冷凝管、控温装置的反应釜中（实验装置如图 3-1 所示）加入新精制的醋酸乙烯 1200mL（密度为 0.9342），然后再将 2.4g 偶氮二异丁腈和 600mL 甲醇（密度为 0.7928）混合均匀后一起加入反应釜，在搅拌下加热，反应温度控制在 65℃，反应 3h。

备注：实验过程中的液体物料依靠真空吸入，组内同学需要配合完成加料；反应过程中随时观察体系的黏度变化，黏度没有明显增加时需要加引发剂。

图 3-1 聚合反应、醇解反应、合成胶水反应釜装置图

五、思考题

① 以醋酸乙烯溶液聚合为例，说明溶液聚合的特点，并分析影响溶液聚合反应的因素。

② 写出合成聚醋酸乙烯酯（PVAc）的化学反应式。

实验Ⅲ 聚醋酸乙烯酯的醇解

一、实验目的

① 掌握由聚醋酸乙烯酯醇解制备聚乙烯醇的方法；

② 理解聚合物的化学反应在工业上的应用价值。

二、实验原理

由于乙烯醇极不稳定，极易异构化而生成乙醛或环氧乙烷，所以聚乙烯醇（PVA）

不能通过乙烯醇来聚合，通常都是将聚醋酸乙烯酯醇解后得到聚乙烯醇。聚醋酸乙烯酯的醇解可以在酸性或碱性条件下进行。酸性醇解时，残留的酸可加速 PVA 的脱水作用，使产物变黄或不溶于水。目前，工业上都采用碱性醇解法。本实验用甲醇为醇解剂，NaOH 为催化剂。一般，NaOH/PVAc 的摩尔比为 0.12。

由于 PVAc 可溶于甲醇而 PVA 不溶于甲醇，因此在反应过程中会发生形变。在实验室中，醇解的关键在于体系中刚出现胶冻时，必须强烈搅拌将其打碎，才能保证醇解较完全地进行。

三、实验仪器及试剂

1. 实验仪器

反应釜（5L）、量筒（1000mL）、烧杯（50mL、250mL）。

2. 实验试剂

聚醋酸乙烯酯、甲醇、NaOH。

四、实验步骤

① 在实验Ⅱ中，溶液聚合反应结束后加入 1200mL 甲醇，稀释反应釜中的反应物，冷却到室温。

将聚醋酸乙烯酯溶液升温至 30℃，加入 120mL5%的 NaOH-甲醇溶液，控制反应温度在 45℃。当醇解度大于 60%时，大分子从溶解状态变为不溶状态，出现胶团，此时立即强烈搅拌打碎。

② 出现胶团后再继续发硬 0.5h，打碎胶冻，再加入 120mL 5% NaOH-甲醇溶液，仍控制反应温度在 45℃，反应 0.5h。升温至 65℃，反应 1h。

③ 冷却，将反应液倒出，抽滤。用甲醇仔细地洗涤，烘干。

五、思考题

① 写出聚醋酸乙烯酯醇解反应方程式。

② 醇解过程中为什么会出现胶冻现象？对实验结果有何影响？

实验Ⅳ　聚乙烯醇缩甲醛（胶水）的制备

一、实验目的

① 了解聚乙烯醇缩甲醛化学反应的原理；

② 掌握聚乙烯醇缩甲醛（胶水）的制备方法。

二、实验原理

聚乙烯醇缩甲醛是聚乙烯醇与甲醛在盐酸催化作用下制得的。聚乙烯醇是水溶性的高聚物，如果用甲醛将它进行部分缩醛化，随着缩醛度的增加，水溶性变差，维尼纶纤维中聚乙烯醇缩甲醛的缩醛度控制在35%左右。它不溶于水，是性能优良的合成纤维。

本实验合成水溶性的聚乙烯醇缩甲醛。反应过程中需要控制较低的缩醛度以保持产物的水溶性，若反应过于剧烈，则会造成局部缩醛度过高，导致不溶于水的物质存在，影响胶水质量。因此在反应过程中，特别注意要严格控制催化剂用量、反应温度、反应时间及反应物比例等因素。

聚乙烯醇缩甲醛随缩醛度不同，其性质和用途各有所不同，它能溶于甲酸、乙酸、二氧六环、氯化烃（二氯乙烷、氯仿、二氯甲烷）、乙醇-甲苯混合物（30∶70）、乙醇-甲苯混合物（40∶60）以及60%的含水乙醇中。缩醛度为75%～85%的聚乙烯醇缩甲醛的主要用途是制造绝缘漆和黏合剂。

三、实验仪器及试剂

1. 实验仪器

反应釜（5L）、量筒（1000mL）、烧杯（50mL、250mL）。

2. 实验试剂

聚乙烯醇、甲醛（40%工业纯）、盐酸、氢氧化钠、去离子水（或蒸馏水）。

四、操作步骤

① 向5L反应釜（如图3-1所示）中加入3L去离子水（或蒸馏水）、250g聚乙烯醇，在搅拌下升温溶解。

② 聚乙烯醇完全溶解后，于90℃左右加入150mL甲醛（40%工业纯），搅拌15min，再加入1∶4盐酸，使溶液pH值为1～3。保持反应温度90℃左右。

③ 反应体系逐渐变稠，当体系中出现气泡或有絮状物产生时，立即迅速加入50mL 8%的NaOH溶液，同时加入1155mL去离子水（或蒸馏水）。调节体系的pH值为8～9。然后冷却降温出料，获得无色透明黏稠液体（即市售胶水）。

五、思考题

① 写出缩醛化反应的化学反应式。

② 为什么缩醛度增加，水溶性下降？当达到一定的缩醛度以后，产物能否完全不溶于水？

实验12 环氧树脂的制备及性能测试

一、实验目的

① 通过对双酚A型环氧树脂的制备掌握缩聚反应机理；

② 了解环氧树脂的固化机理及粘接技术。

二、实验原理

分子内含有环氧基的树脂统称为环氧树脂。它是一种多品种、多用途的新型合成树脂，且性能很好，对金属、陶瓷、玻璃等许多材料具有优良的粘接能力，所以有万能胶之称，又因为它具有电绝缘性能好、体积收缩小、化学稳定性高、机械强度大等优点，所以广泛地被用作胶黏剂，增强塑料（玻璃钢）电绝缘材料、铸型材料等，在国民经济建设中有很大作用。

双酚 A 型环氧树脂是环氧树脂中产量最大、使用最广的一个品种，它是由双酚 A 和环氧氯丙烷在氢氧化钠存在下反应生成的。

从环氧树脂的结构来看，线型环氧树脂的两端带有活泼的环氧基，链中间有羟基，当加入固化剂时，线型高聚物就转变为体型高聚物，一般常用的固化剂有多元胺和酸酐类，如乙二胺、间苯二胺、三乙烯二胺和邻苯二甲酸酐等。固化反应可在室温或加热下进行。

三、实验仪器及试剂

1. 实验仪器

三口瓶、回流冷凝管、减压蒸馏装置、电动搅拌器、恒温水浴、分液漏斗、滴液漏斗、油浴锅、量筒（10mL、50mL）、烧杯（50mL、250mL）、温度计（0～300℃）、滴管、玻璃片、螺旋夹。

2. 实验试剂

双酚 A、氢氧化钠、环氧氯丙烷、苯、邻苯二甲酸二丁酯、乙二胺、铬酸洗液。

四、实验步骤

1. 双酚 A 型环氧树脂的制备

将 12g 双酚 A 和 14g 环氧氯丙烷依次加入装有搅拌器、滴液漏斗和温度计的 250mL 三口瓶中。用水浴加热，并开动搅拌器，使双酚 A 完全溶解，当温度升至 55℃时，开始滴加 20mL20%的 NaOH 溶液（滴加速率要慢），约 0.5h 滴加完毕。此时温度不断升高，必要时可用冷水冷却，保持反应温度 55～60℃，滴加完毕后，继续保持 55～60℃，反应 3h，此时溶液呈乳黄色。直接向前面反应制备的乳黄色的溶液中加入苯 30mL，搅拌，待树脂溶解后移入分液漏斗，静置后分去水层，再用水洗两次，将上层苯溶液倒入减压蒸馏装置中。

2. 环氧树脂的提纯

将上述减压蒸馏装置中的混合物先在常压下蒸去苯，然后再在减压下蒸馏以除去所有挥发物，直到油浴温度达到 130℃而没有馏出物时为止，趁热将树脂倒出，冷却后得琥珀色透明黏稠的环氧树脂。

3. 粘接技术

将玻璃片用铬酸洗液浸泡 10～15min，洗后烘干。称取 5g 环氧树脂于小烧杯中，并加入 2～3 滴邻苯二甲酸二丁酯和一定量的乙二胺（按过量 10%计算），用玻璃棒搅匀后，在玻璃片上涂一薄层，然后将玻璃片用螺旋夹夹紧，在室温下放置 48h 后，在 105℃烘箱内烘 1h 或在 40～80℃烘箱中烘 3h，用于测试粘接强度。

五、思考题

① 写出双酚 A 型环氧树脂制备过程的化学反应式。

② 用反应方程式表述环氧树脂的固化反应机理（固化剂为乙二胺）。

实验 13　填充聚丙烯成型加工及性能测试

一、实验目的

① 了解高分子常见填充改性类型、一般原理和典型实现方法；

② 了解填充改性辅助助剂的作用和选用依据；

③ 掌握挤出机、注塑机、拉伸试验机基本原理和操作流程；

④ 掌握挤出共混、造粒、注塑成型等高分子常用加工方法；

⑤ 掌握高分子材料拉伸特性表征方法。

二、实验原理

聚丙烯（PP）作为五大通用合成树脂之一，具有密度小、韧性好、绝缘性高等优点，在汽车工业、电子电气、建材家具和包装等各个领域应用广泛。但纯 PP 制品存在耐热性低、成本高、收缩率大、熔点较低、尺寸稳定性不好、低温脆性等不足，制约了其作为工程受力材料的应用，需通过改性来拓宽其应用范围。填充改性是高分子领域降低成本、调节性能和提高价值最重要的方法之一。本实验采用轻质碳酸钙对聚丙烯改性，碳酸钙是最常用的无机粉状填料，可分为胶质碳酸钙、轻质碳酸钙和重质碳酸钙，一般常用轻质碳酸钙。塑料制品中添加碳酸钙，不仅可以降低产品成本，还可以显著地改善高分子性能。在聚丙烯中加入碳酸钙可以使其刚度、尺寸稳定性、耐温性、硬度等增加。碳酸钙具有流动性好、白度高、无毒、无刺激性、无气味、易于着色、硬度低、热稳定性高等多种优点，已在填充塑料中得到了广泛应用。填充改性高分子性能同填料/高分子界面性能紧密相关，对填料进行偶联剂表面处理是填充高分子混合物的必然措施，经偶联剂表面处理所制成的碳酸钙不仅与聚合物有较好的界面结合，而且有助于改善体系力学性能与流变性能。

可以通过挤出混炼、高速捏合、搅拌密炼等多种加工操作来制备高分子填充改性体系，本实验采用高分子成型加工常用设备双螺杆挤出机进行填充改性聚丙烯的挤出造粒。同时利用注塑机制备样条，供拉伸特性表征。

塑料的挤出成型就是塑料在挤出机中，在一定的温度和一定的压力下熔融塑化，并连续通过有固定截面的口模得到具有特定断面形状连续型材的加工方法。不论挤出造粒还是挤出制品都分两个阶段：第一阶段，固体状树脂原料在机筒中，借助料筒外部的加热和螺杆转动的剪切挤压作用而熔融，同时熔体在压力的推动下被连续挤出口模；第二阶段是被挤出的型材失去塑性变为固体即制品，可为条状、片状、棒状、管状。

注塑成型是将热塑性或热固性塑料从注塑机的料斗加入料筒中，经加热熔化呈流动状态后，由螺杆或柱塞推挤而通过料筒前端喷嘴注入闭合的模具型腔中，充满模具的熔料在受压情况下，经冷却固化后即可保持模具型腔所赋予的形样，打开模具即得制品。塑料的拉伸性能包括拉伸强度、拉伸断裂应力、拉伸屈服应力、偏置屈服应力、拉伸弹性模量、断裂伸长率等。拉伸试验是对试样沿纵轴方向施加静态拉伸负荷，使其破坏。通过测定试样的屈服力、破坏力和试样标距间的伸长来求得试样的屈服强度、拉伸强度和伸长率等，再由强度和拉伸量的比值得到对应的模量参数。

三、实验仪器及试剂

1. 实验仪器

恒温干燥箱、双螺杆挤出机、注塑机、万能拉力试验机、样条模具、游标卡尺、不锈钢盆、小塑料桶、方形物料托盘（烘 PP、$CaCO_3$和挤出料）、玻璃棒、绝热手套、一次性滴管、铜刷、铜刀、铜棒、台秤、天平。

2. 实验试剂

通用级聚丙烯、轻质碳酸钙、白油、抗氧化剂、聚乙烯蜡、钛酸酯偶联剂、异丙醇、聚丙烯。

四、实验步骤

1. 称量与预混

在 80℃下烘 PP 和轻质碳酸钙 4h，然后称取 PP1000g、轻质碳酸钙 100g、钛酸酯偶联剂 5g、异丙醇 5g、白油 2g、抗氧化剂 24g、聚乙烯蜡 12g。将钛酸酯偶联剂放入不锈钢盆中，加入异丙醇，玻璃棒搅拌 2min 左右；将搅拌后的钛酸酯偶联剂加入轻质碳酸钙中，手动搅拌 5min，备用；另取一盆，加入 PP、白油，搅拌 2min，再加入抗氧化剂和聚乙烯蜡，搅拌 2min，再加入搅好的轻质碳酸钙等，搅拌 10min。

2. 挤出造粒

① 准备。检查电气连接、润滑油液位、机头；清理喂料机斗、冷却水槽、切粒机，关上水槽泄水口开关等；冷却槽装满水、机箱内冷却水箱加满水。

② 打开电源总闸开关，接通电源，启动挤出机总开关；控制显示屏变亮，触摸点击“进入系统”，观察显示屏有无异常显示。

③ 设置温度。按预定温度调整各区段温控表加热温度（见表 3-1），加热温度到达设定值后，持续温度 20～30min，再检查各区段温控表和各区段冷却管道电磁阀是否正常。

表 3-1 各区段温控表加热温度

第一段温度	第二段温度	第三段温度	第四段温度	第五段温度	第六段温度
170℃	175℃	180℃	185℃	190℃	185℃
机头温度	**熔体压力**	**喂料频率**	**主机转速**	**切粒速度**	
185℃	约 2.80MPa	约 0.8Hz	约 70r/min	约 5Hz	

④ 待温度达指定值且稳定后，开油泵，设置主机转速（由慢到快，不可一步到设置值），看其运行正常后可将混合好的物料加入，设置喂料速度，要以尽量低的转速开始喂料；先用洗料清洗挤出机，待挤出机头出料较纯净时，加入步骤 1 中混合好的物料。

⑤ 当挤出机头挤出熔融料条时，开吹干机，启动切粒机，设置切粒速度（主机、喂料和切粒需要动态、协同调整），依次通过冷却水槽、吹干机和切粒机，调整切粒机速度，以粒子长度为 2mm 左右为宜。

⑥ 缓慢升高喂料螺杆转速和主螺杆转速至设定值，并相应提高牵引速度，对实验各工艺条件作出详细记录。

⑦ 挤出后处理。将切碎的粒料清理到方形物料托盘内，使其分散均匀，然后放到数显鼓风干燥箱内，在 80℃下，干燥 6h，以备后面注塑试验之用。

⑧ 挤出完毕后，使用洗料清理挤出机至挤出料条纯净，关机，清理试验场地。

3. 注塑制样

将上面造好的粒料注塑成标准样条。

① 开机前的准备。清洁注塑机运动部件、模具零件的表面（运动座台、注塑机头、喷嘴接触面、承压面、座台导轨、型腔）；在低于拟定的料筒温度 10℃下预热料筒 30min，如无异常即可将温度调到工艺要求的温度；检查设备各动作的可靠性；调节螺杆式注塑机的调距螺杆的转速和背压，预塑螺杆的转速一般控制在 30～60r/min，背压控制在 5bar（1bar=100kPa）。

② 待试验准备工作完成后，首先称取 1kg 纯 PP 加入料筒中，反复调节注塑参数，直到注塑出比较合适的试样为止。

③ 按照表 3-2 中的注塑工艺参数注塑 5 个纯 PP 试样。

表 3-2　注塑工艺参数

第一段温度	第二段温度	第三段温度	第四段温度	第五段温度	第六段温度
190℃	195℃	200℃	205℃	210℃	205℃
射出压力一段	**射出压力二段**	**射出速度一段**	**射出速度二段**		
30MPa	30MPa	50cm³/s	60cm³/s		

④ 注塑成型后及时将上述试样分别编号，以免混淆。

⑤ 纯 PP 注塑完毕后，将干燥后的配方粒料加入料筒中，再按照相同的注塑工艺（调整射出压力为 35MPa），注塑 5 个配方试样。

⑥ 注塑成型后及时将上述试样分别编号，以免混淆。

⑦ 注塑完毕后，用洗料清洗注塑机，完毕后关机、清理试验场地。

4. 拉伸试验

① 用游标卡尺测量试样中部的宽度和厚度，每一个参数至少量测 3 个不同的点并记录取平均。

② 测试时，在计算机上设置类型、拉伸速率等，将测量好的宽度、厚度数据取平均后记录在电脑上。

③ 对试样进行编号，将位移与拉力清零，点击开始试验。

④ 试样断裂后，点击保存数据，将第一个试样取下，装上第二个试样，再将位移与拉力清零，点击开始试验，如此反复操作将所有试样测量完毕。结束后，点击数据输出。

⑤ 详细记录试验数据。

⑥ 试验完毕后，清理试验场地。

五、思考题

① 造粒工艺有几种切粒方式？各有何特点？

② 注塑成型时模具的运动有何特点？

③ 拉伸试验测定结果受哪些因素影响？

实验 14　涂料的制备及施工性能测试

一、实验目的

① 学习醋酸乙烯乳胶漆的制备原理及工艺；

② 熟悉乳液聚合原理及特点；

③ 了解涂料的施工性能及其测试方法。

二、实验原理

以合成树脂代替油脂，以水代替有机溶剂是涂料工业发展的主要方向。水性漆包括水溶性漆和水乳胶漆两种。前者的树脂溶解于水成为均一的胶体液体，后者的树脂以微细的粒子（粒径为 0.1～10μm）分散在水中。根据制备方法的不同，乳胶液又可分为分散乳胶和聚合乳胶两种。聚合乳胶中最主要的是聚醋酸乙烯乳液、丙烯酸酯乳液、丁苯乳液以及醋酸乙烯和丙烯酸酯、乙烯等其他不饱和单体共聚的乳液。

向聚合乳液中加入颜料、体质颜料以及保护胶体剂、增塑剂、润湿剂等辅助材料，然后经过研磨成为乳胶漆。乳胶漆具有安全无毒、施工方便、干燥快、通气性好等优点。乳胶漆除用作建筑内外涂层外，还可用于金属表面的涂装。其中以醋酸乙烯乳胶漆产量最大。

醋酸乙烯乳胶漆由向聚醋酸乙烯乳液中加入颜料和体质颜料以及其他助剂制成。采用金红石型钛白粉制得的乳胶漆遮盖力强，耐洗刷性也好，可用于要求较高的室内墙面涂装以及外用平光漆。

合成方法为在乳化剂 PVA（聚乙烯醇）、OP-10（辛烷基酚聚氧乙烯醚）存在下，使醋酸乙烯酯在水中聚合成聚醋酸乙烯乳液，再与研磨好的二氧化钛、滑石粉等混合，添加适量助剂混匀即可。涉及的化学反应方程式如下

$$n\mathrm{CH_3COOCH{=\!=}CH_2} \xrightarrow{\text{过硫酸钾}} \left[\mathrm{\underset{\underset{OCOCH_3}{|}}{CH}-CH_2}\right]_n$$

三、实验仪器及试剂

1. 实验仪器

球磨机、电动机械搅拌器、三口烧瓶、冷凝管、温度计。

2. 实验试剂

醋酸乙烯酯、聚乙烯醇、过硫酸钾、六偏磷酸钠（分散剂）、亚硝酸钠（防锈剂）、醋酸苯汞（防霉杀菌剂）、羧甲基纤维素（增稠剂）、金红石型钛白粉、聚甲基丙烯酸钠（增稠剂）、碳酸氢钠、邻苯二甲酸二丁酯。

四、实验步骤

1. 基料（聚醋酸乙烯乳液）的制备

制备基料所用的实验装置示意图见图 3-2。向 500mL 三口烧瓶中加入 5g 聚乙烯醇和 91mL 蒸馏水，搅拌加热至 80℃，使聚乙烯醇溶解。再加入 1mL 表面活性剂 OP-10、15mL 醋酸乙烯酯和 0.7mL 质量分数为 10%的过硫酸钾水溶液。通氮气置换空气，升温至 60～65℃。当温度升为 80～83℃时，以每小时 10mL 的速度连续加入 84mL 醋酸乙烯酯单体，反应温度控制在 78～82℃。加入单体的同时，加入质量分数为 10%的过硫酸钾水溶液约 0.9mL。加完单体后，再补加质量分数为 10%的过硫酸钾水溶液 1.2mL，温度升为 90～95℃，保温 30min。冷却至 50℃，先加入质量分数为 10%的碳酸氢钠水溶液 3mL，再加入 10g 邻苯二甲酸二丁酯，搅拌均匀。冷却，制得的乳液固含量为 50%（质量分数）。

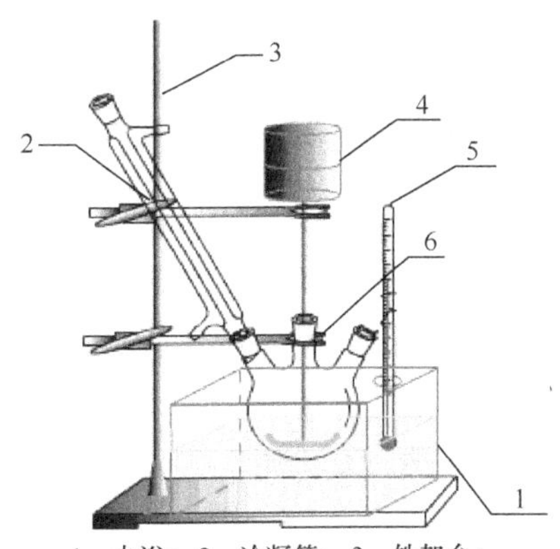

1—水浴；2—冷凝管；3—铁架台；
4—搅拌器；5—酒精温度计；6—三口烧瓶

图 3-2 乳液聚合反应装置示意图

扫码查看附录 1

2. 配漆

配漆工艺流程见图 3-3，乳胶漆配方可参考附录 1。

按质量比将六偏磷酸钠 0.15 份（分散剂）、亚硝酸钠 0.3 份（防锈剂）、醋酸苯汞 0.1 份（防霉杀菌剂）、羧甲基纤维素 0.1 份（增稠剂）溶于 23.3 份水中。再与金红石型钛白粉 26 份、滑石粉 8 份于球磨机中研磨分散。搅拌下加入 42 份上述的聚醋酸乙烯乳液，加入聚甲基丙烯酸钠 0.05 份（增稠剂），搅拌均匀，制得的涂料中基料：颜料=1：0.02（质量比）。

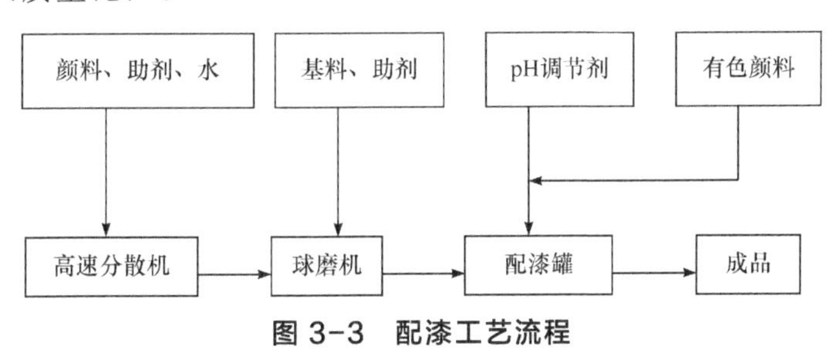

图 3-3 配漆工艺流程

① 按照涂料总量 200～400g 计算各物质的加入量。

② 加料顺序。水→聚醋酸乙烯乳液→钛白粉→滑石粉→羧甲基纤维素→颜料→搅拌均匀。

③ 开始研磨，转速 500～700r/min。研磨 30min，测细度（合格细度：20～30μm），过滤。测黏度（合格黏度：60～120Pa · s）。

3. 性能测试

具体的测试项目和方法见附录 2。

扫码查看附录 2

4. 注意事项

① 选择的聚乙烯醇聚合度约为 1500，醇解度为 88%～90%。

② 通氮气一段时间，将空气完全置换后，再进行聚合反应。

③ 先将二氧化钛、滑石粉于水中球磨、分散好之后，再与制得的乳液混合。

④ 若用于室外涂料，最好用金红石型钛白粉，不用锐钛型钛白粉，避免涂料易于变色。

五、思考题

① 乳液形成的原理是什么？

② 影响乳液稳定性的因素有哪些？

③ 乳化剂和破乳剂都有哪些？如何将乳液破乳？

④ 聚乙烯醇、OP-10 的作用是什么？

⑤ 为什么要加入过硫酸钾？

⑥ 空气存在时，对聚合有何不利？

⑦ 配漆时，为什么要加入六偏磷酸钠、亚硝酸钠、醋酸苯汞、羧甲基纤维素？

第四章

精细化工实验

实验 15　磺酸盐表面活性剂的合成及应用

实验Ⅰ　磺酸盐表面活性剂的制备

一、实验目的

① 了解以二氧化硫和烷基苯为原料，经转化、磺化、中和制备磺酸盐表面活性剂的过程；

② 学会控制一般的流量和温度仪表；

③ 了解二氧化硫、三氧化硫尾气的处理方法。

二、实验原理

1. 反应原理

在转化塔内钒催化剂（五氧化二钒）的催化作用下将二氧化硫氧化成三氧化硫。

$$SO_2 + 0.5O_2 \longrightarrow SO_3$$

反应所需的氧气由干燥空气提供。干燥空气（指标：含油量<0.01ppm，露点<–50℃）主要用于制备和稀释三氧化硫。空气经空压机 C101 压缩后，经缓冲罐 V103 缓冲，进入 C102 冷干机（过滤器、冷冻机、精密过滤器、吸附式干燥机），由减压阀（SV）减至所需压力，经直通过滤器由空气质量流量计（FIC01）控制所需的工艺空气量，流程图见附录图 1。将纯净的二氧化硫气体与干燥空气先行混合再引入转化塔（T101）内，经钒催化剂催化转化成三氧化硫/空气混合气体，得到一定浓度的三氧化硫气体。

2. 磺化反应

$$C_6H_5R + SO_3 \longrightarrow HO_3S\text{-}C_6H_4\text{-}R$$

有机原料（烷基苯）与三氧化硫/空气混合气体在磺化器内完成磺化反应。磺化工艺流程见附录图 3。有机原料经原料罐（V106 或 V107），由蠕动泵（P102）定量送至降膜磺化反应器（R101）的有机物腔，沿管内壁均匀成膜状降落，与顶部通入的 SO_3 气体并流而下，完成磺化反应。反应热由夹套冷却水带走。磺化后的气液混合物经气液分离器（H101）进行气液分离。对于烷基苯磺化，磺化反应为瞬时反应，有机物一经与 SO_3 接触即进行磺化反应，并放出大量的热量，必须通过冷却水保证恒温反应，以控制副反应的发生，保证产品质量。

3. **老化**

$$R-C_6H_4-SO_2OSO_3H + R-C_6H_5 \longrightarrow 2R-C_6H_4-SO_3H$$

烷基苯磺化后还应进行补充磺化，使残存的三氧化硫和过磺化的烷基苯与未反应的烷基苯在老化器内进行补充反应以提高磺化率。

4. **尾气洗涤**

在碱液瓶中，尾气中的二氧化硫用碱吸收，洗涤液中的亚硫酸钠与空气发生氧化反应生成硫酸钠。

$$SO_2+2NaOH \longrightarrow Na_2SO_3+H_2O$$

$$2Na_2SO_3+O_2 \longrightarrow 2Na_2SO_4$$

磺化尾气中含有微量未转化的 SO_2、未反应的 SO_3、硫酸雾和有机酸雾。为达到环保要求，采用有机物吸收、金属丝网除雾和碱吸收装置将其除去。从磺化工序来的磺化尾气进入有机物吸收罐进行吸收，除去尾气中的 SO_3，金属丝网除雾器将有机酸雾、硫酸雾凝聚排出，尾气则从顶部排至碱吸收罐进行碱吸收，除去尾气中的 SO_2。

5. **中和**

$$R-C_6H_4-SO_3H + NaOH \longrightarrow R-C_6H_4-SO_3Na + H_2O$$

通过测定酸值（中和值）来判断中和反应是否完成。测定方法见附录 3。

三、实验仪器及试剂

扫码查看附录 3

1. **实验仪器**

磺化反应装置，实验室用三氧化硫磺化装置由 4 个单元组成：空气干燥、三氧化硫发生、磺化反应、尾气处理，该装置各单元的工艺流程见附录 4。

扫码查看附录 4

2. **实验试剂**

二氧化硫气体（钢瓶装）。

四、实验步骤

磺化实验操作程序如下：

1. **开车前准备**

① 确认整套设备接地良好。

② 检查供电和仪表系统工作是否正常。

③ 检查管路阀门是否正常，是否有漏气点存在。

④ 检查消防器材和防护用品是否齐全。

⑤ 备足原料和尾气吸收液。

2. 系统开启

① 将电控柜内的总电源开关打开，开启电控柜各回路对应的开关。

② 将三氧化硫气体出口阀打至去尾气吸收。

③ T101 转化塔预热。T01 温度分 4～6 段升温。

预热至 T02≥500℃、T03≥500℃开始进 SO_2。将空气和 SO_2 设定至相应的值。此时电加热温度可以适当降低，只需要保证 T02 温度在 480～550℃之间即可。

④ 在系统预热过程中，可准备伴热带预热、尾气吸收液配制等工作。

⑤ 开启原料预热。钢瓶加热器，设定到 30～50℃保温（视情况而定，通常气源充足的情况下无需预热）；伴热 1（SO_2 管道加热）、伴热 2（SO_3 伴热）启动。

3. 系统运行

系统运行过程中要保证转化塔各点的温度符合工艺操作参数。磺化过程的工艺操作参数如表 4-1 所示，可能出现的情况：

① T03 温度过高则降低电加热温度，过低则提高电加热温度；

② T06 过滤器温度通过加热 2 调节。

表 4-1 磺化过程的工艺操作参数

仪表	参数	位置	备注
T01	30～50℃	钢瓶温度	可通过钢瓶加热器调节
T02	480～550℃	催化剂上层温度	防止高于 600℃（可能损坏催化剂）；过高，降低 T05 设定值；过低，检查电加热及 SO_2 进气量
T03	480～550℃	催化剂中间温度	
T04	450～500℃	第二层催化剂进口温度	
T05	550～570℃	转化塔壁温	设定温度和实际温度都应小于 600℃
T06	$40 \leqslant T \leqslant 60$℃	SO_3 过滤器温度	通过加热 2 伴热带温度调节
T07	$T \leqslant 35$℃	磺化器冷却水温	通过恒温水浴调节
P01	0.4～0.6MPa	压缩空气压力	通过空压机设定
P02	0.2～0.3MPa	二氧化硫压力	压力过高可造成流量计实际值偏高
P03	≤0.2MPa	空气流量计前压力	
P04	≤0.02MPa	磺化器进气压力	通常无压力，压力上升说明管道不畅，比如有 SO_3 结晶析出（温度过低造成）
露点仪	≤-30℃	压缩空气压力露点	
碱水浓度	≤10%	碱液浓度	过高会造成 Na_2SO_4 结晶析出而堵塞管路

4. 系统停车

① 关闭二氧化硫进气阀，待管道 SO_2 用尽，压力和流量为 0，调节二氧化硫流量计设定值 SP 为 0。

② 将 SO_3 切至尾气系统。

③ 降低转化塔电加热温度至 0℃，关闭加热键，空气设定到最大值继续吹扫冷却 30min 以上，吹尽残余 SO_3。

④ 至少吹扫 30min 后，关闭空气进气阀。

⑤ 关闭仪表控制柜总电源。

⑥ 打开三氧化硫过滤器、管道低点和转化塔放净阀排放废酸。

5. 紧急停车

① 如遇紧急情况需紧急停车时，首先要将 SO_3 切至尾气。待处理完后再切换阀门到磺化。

② 如遇严重泄漏等较大故障须彻底停车，首先要停 SO_2 和空气，停掉所有加热控件，下次开启电源前，一定要检查所有加热控制点是否归零。

如要停止运行设备，仍需要吹扫系统，如尾气烟大，尽量降低吹扫风量。

五、思考题

烷基苯磺化后还应在老化器内进行补充磺化的目的是什么？

实验Ⅱ 表面活性剂的性能测定

一、实验目的

① 理解表面活性剂各种性能测定的原理；

② 熟悉表面活性剂各种性能测定的方法。

二、实验原理

1. 临界溶解温度（Krafft point）的测定

临界溶解温度为离子型表面活性剂在水中溶解度陡增的温度。该温度下的溶解度与其临界胶束浓度相一致。测定方法有光谱法、浊度法和染料法。

2. 亲水亲油平衡值（HLB）的测定

在表面活性剂的研究中，亲水亲油平衡值（HLB）是一个重要的参数，它定量地描述了表面活性剂在油/水界面的分布状况。最初，HLB 值是为表征乳化剂的乳化能力而提出的。现在它已经突破了原有定义界定的范围而成为考察表面活性剂的一个重要指标。

水数法是一种较为简单的测定 HLB 值的方法。水数也称浊数，就是使具有一定质量分数的表面活性剂的有机溶剂发生混浊所需添加的水的体积（mL）。测定时采用普通的滴定法即可，此法简单易操作，需要绘制 HLB 值标准曲线，绘制方法如下。

分别称取不同配比 Span-80 与 OP-10 的混合表面活性剂的标样 0.5g 于 100mL 锥形瓶中，加入 *N,N*-二甲基甲酰胺-苯混合液（体积比 85：15）15mL，配制成表面活性剂有机溶液。混合表面活性剂的 HLB 值计算公式为

$$\mathrm{HLB}=\frac{w_{\mathrm{A}}}{w_{\mathrm{A}}+w_{\mathrm{B}}}\mathrm{HLB}_{\mathrm{A}}+\frac{w_{\mathrm{B}}}{w_{\mathrm{A}}+w_{\mathrm{B}}}\mathrm{HLB}_{\mathrm{B}}$$

式中，w_{A} 为其中一种表面活性剂组分的质量，$\mathrm{HLB}_{\mathrm{A}}$ 为其 HLB 值；w_{B} 为另一种

表面活性剂组分的质量，HLB_B 为其 HLB 值（Span-80 的 HLB 值为 4.3，OP-10 的 HLB 值为 13.9）。

锥形瓶底部放一张印有 3 号字的白纸，不断摇晃锥形瓶，由滴定管慢慢滴入蒸馏水，滴定至底部 3 号字体模糊为终点，记录所耗用的蒸馏水体积。以 HLB 值为横坐标，耗用蒸馏水体积为纵坐标，绘制标准曲线。

3. 电导率法测定临界胶束浓度（CMC）

电导率法测定临界胶束浓度是测定不同浓度的待测表面活性剂水溶液的电导率（或摩尔电导率），并作电导率（或摩尔电导率）与浓度的关系图，从图中的转折点求得临界胶束浓度。

4. 表面张力的测定

表面张力是衡量表面活性剂表面活性的主要指标。表面张力的测定方法较多，主要有毛细管法、最大气泡法、迪努伊环法、吊片法、滴体积（滴重）法等。

5. 乳化性能测试

表面活性剂有使水和油两种互不相溶的液体转变为乳状液的能力，称为乳化力。在表面活性剂中，非离子表面活性剂的乳化力最强，常被用作乳化剂。

三、实验仪器及试剂

1. 实验仪器

具塞量筒、锥形瓶、电导率仪、水浴锅、表面张力仪。

2. 实验试剂

Span-80、OP-10、*N,N*-二甲基甲酰胺-苯混合液、KCl、矿物油、煤油、苯、四氯乙烯、锭子油、三氯乙烯、松节油。

四、实验步骤

1. 浊度法测定临界溶解温度

将 1%试样溶液置于水浴上逐渐升温（或降温），到溶液刚呈透明（或浑浊）为止，反复数次，直至恒值。

2. 水数法测定 HLB 值

按照实验原理中的方法绘制 HLB 值标准曲线。称取待测表面活性剂 0.5g 于 100mL 锥形瓶中，加入 *N,N*-二甲基甲酰胺-苯混合液（体积比 85∶15）15mL，测定所耗用的蒸馏水体积，由标准曲线读出待测表面活性剂的 HLB 值。

3. 电导率法测定临界胶束浓度（CMC）

① 用超纯水准确配制 0.01mol/L 的 KCl 标准溶液。

② 取待测表面活性剂，用电导水或重蒸馏水准确配制系列浓度的水溶液各 25mL。如 0.002mol/L，0.004mol/L，0.006mol/L，0.007mol/L，0.008mol/L，0.009mol/L，0.010mol/L，0.012mol/L，0.014mol/L，0.016mol/L，0.018mol/L，0.020mol/L，0.040mol/L，0.060mol/L，0.080mol/L，0.100mol/L 等。

③ 打开恒温水浴，调节温度至 25℃或其他合适温度。开通电导率仪。

④ 用 0.010mol/L KCl 标准溶液标定电导池常数。

⑤ 用电导率仪从稀到浓分别测定上述各溶液的电导率。各溶液测定时，用后一个溶液荡洗前一个溶液的电导池 3 次以上，必须恒温 5min，每个溶液的电导率读数 3 次，取平均值。列表记录各溶液对应的电导率，换算成摩尔电导率。

⑥ 实验结束后洗净电导池和电极，并测量水的电导率。

⑦ 将数据列表，做 $\kappa \sim c$ 图与 $\lambda_m \sim c$ 图，由曲线转折点确定临界胶束浓度 CMC 值。

注意：电极不使用时应浸泡在蒸馏水中，用时用滤纸轻轻沾干水分，不可用纸擦拭电极上的铂黑（以免影响电导池常数）；配制溶液时，有泡沫，保证表面活性剂完全溶解，否则会影响浓度的准确性。

4. 表面张力法测定临界胶束浓度（CMC）

采用表面张力仪测定不同浓度的待测表面活性剂水溶液的表面张力，并作表面张力与浓度（或浓度的对数）的关系图，从图中的转折点求得临界胶束浓度。

5. 乳化性能测试

乳化力测定方法：

① 用移液管吸取 40mL 0.1%试样溶液放入有玻璃塞子的锥形瓶内。再用移液管吸取 40mL 矿物油放入同一锥形瓶内。用手捏紧玻璃塞，上下猛烈振动五下，静置 1min，再同样振动五下，静置 1min，重复五次。将此乳浊液倒入 100mL 量筒中，立即用秒表记录时间，此时水油两相逐渐分开，水相徐徐出现，至水相分出 10mL 时，记录分出的时间，作为乳化力的相对比较，乳化力愈强则时间也愈长。

② 在 55mL 水和 40mL 油的混合液中加入 5mL 试液，进行充分混合后放置，过 60min 后观察油层和水层的分离情况，分别记录油层及水层的体积（mL）。分别用下列试剂作为油相进行实验：煤油、苯、四氯乙烯、锭子油、三氯乙烯、松节油。

6. 泡沫性能测试

取 1g 表面活性剂试样（质量分数 1%），加水至 100g，用玻璃棒小心搅拌至溶解完全，用移液管小心移取 10～100mL 至具塞量筒中，盖好塞子，用食指按住塞子，用力上下摇动量筒 5 次，记录产生泡沫的高度，观察并记录泡沫的消亡情况。注意：每次必须同一个人，同一只手摇动。

上述关于表面活性剂的性能测试可参考附录 5。

扫码查看附录 5

五、思考题

表面活性剂的主要性能有哪些？如何根据这些性能指标衡量表面活性剂作为乳化剂的乳化能力？

实验Ⅲ 液体洗涤剂的制备及去污性能评价

一、实验目的

① 掌握配制通用液体洗衣剂的工艺；

② 了解各组分的作用和配制原理。

二、实验原理

1. 主要性质和分类

通用液体洗衣剂（liquid detergent）为无色或淡蓝色均匀的黏稠液体，易溶于水。液体洗涤剂是仅次于粉状洗涤剂的第二大类洗涤制品。因为液体洗涤剂具有诸多显著的优点，所以洗涤剂由固态向液体发展是一种必然趋势。最早出现的液体洗衣剂是不加助剂或加很少助剂的中性洗衣剂，基本属于轻垢型，这类液体洗衣剂的配方技术比较简单。而后出现的重垢液体洗衣剂，其中虽有不加助剂的，但更多的是加洗涤助剂的。重垢型液体洗衣剂中的表面活性物含量比较高，即加的助剂种类也比较多，配方技术比较复杂。

2. 配制原理

设计洗衣剂时首先考虑的是洗涤性能，既要有强的去垢力，还不得损伤衣物。其次要考虑经济性，即工艺简单、配方合理。再次要考虑的是产品的适用性，即既要适合我国的国情和人民的洗涤习惯，还要考虑配方的先进性等。

液体洗衣剂的配方主要由以下几部分组成：

（1）表面活性剂

以脂肪醇为起始原料的各种表面活性剂被广泛用于液体洗衣剂中，包括脂肪醇聚氧乙烯醚、脂肪醇硫酸酯盐、脂肪醇聚氧乙烯醚硫酸盐等。在阴离子表面活性剂中α-烯基磺酸盐被认为是最有前途的活性物。高级脂肪酸盐已是公认的液体洗衣剂原料。在非离子表面活性剂中，烷基醇酰胺也是重要的一种。

（2）洗涤助剂

液体洗衣剂常用的助剂主要有：①螯合剂。最常用的、性能最好的是三聚磷酸钠，但它的加入会使洗衣剂变浑浊，并会污染水体。乙二胺四乙酸二钠对金属离子的螯合能力最强，而且可使溶液的透明度提高，但价格较高。②增稠剂。常用的有机增稠剂为天然树脂和合成树脂聚乙二醇酯等。无机增稠剂用氯化钠或氯化铵。③助溶剂。常用的增溶剂或助溶剂除烷基苯磺酸钠外还有低分子醇或尿素。④溶剂。常用的溶剂是软化水或去离子水。⑤柔软剂。常用的柔软剂主要是阳离子型和两性离子型，在一般洗衣剂中不含柔软剂。⑥消毒剂。目前大量使用的仍是含氯消毒剂，如次氯酸钠、次氯酸钙、氯化磷酸三钠、氯胺 T、二氯异氰尿酸钠等，一般洗衣剂中不添加消毒剂。⑦漂白剂。常用的漂白剂有过氧化盐类，如过硼酸钠、过碳酸钠、过碳酸钾、过焦酸钠等，一般洗衣剂中不用。⑧酶制剂。常用的有淀粉酶、蛋白酶、脂肪酶等。酶制剂的加入可提高产品的去污力。⑨抗污垢再沉降剂。常用的有羧甲基纤维素钠、硅酸钠等。⑩碱剂。常用的有纯碱、小苏打、乙醇胺、氨水、硅酸钠、磷酸三钠等。另外，可适量加入香精和色素。

本实验设计了几个通用液体洗衣剂的配方，读者可根据实验原材料和仪器情况，自己设计或选做其中一个或两个。

三、实验仪器及试剂

1. 实验仪器

不锈钢反应釜、立式去污机、白度计、电动搅拌器、烧杯、量筒、滴管、电子天平、温度计、罗氏泡沫仪。

2. **实验试剂**

十二烷基苯磺酸钠（ABS-Na，30%）、烷基醇酰胺（尼诺尔，70%）、辛烷基酚聚氧乙烯醚（OP-10，70%）、食盐、纯碱、水玻璃（Na_2SiO_3，30%）、三聚磷酸钠（STPP）、乙二胺四乙酸二钠（EDTA）、香精、色素、pH 试纸、脂肪醇聚氧乙烯醚硫酸钠（AES，70%）、硫酸（10%）、二甲基苯磺酸钾、荧光增白剂、十二烷基二甲基胺乙内酯（BS-12）、羧甲基纤维素纳（CMC）。

四、实验步骤

① 按配方（具体的实验配方见表 4-2）将蒸馏水加入不锈钢反应釜中，加热使水温升到 60℃，慢慢加入 ABS-Na，并不断搅拌至全部溶解为止。搅拌时间约为 20min。在溶解过程中水温控制在 60～65℃。

表 4-2 液体洗衣剂配方

成分	配方（质量分数%）			
	A	B	C	D
ABS-Na（30%）	20.0	30.0	30.0	10.0
OP-10（70%）	8.0	5.0	3.0	3.0
尼诺尔（70%）	5.0	5.0	4.0	4.0
AES（70%）			3.0	3.0
二甲基苯磺酸钾			2.0	
BS-12				2.0
荧光增白剂			0.1	0.1
纯碱	1.0		1.0	
Na_2SiO_3（30%）	2.0	2.0	1.5	
STPP		2.0		
食盐	1.5	1.5	1.0	2.0
色素	适量	适量	适量	适量
香精	适量	适量	适量	适量
CMC（5%）				5.0
去离子水	加至 100	加至 100	加至 100	加至 100

② 在连续搅拌下依次加入 AES、OP-10 等表面活性剂，一直搅拌至全部溶解为止，搅拌时间约为 20min，保持温度在 60～65℃。

③ 在不断搅拌下将纯碱、二甲基苯磺酸钾、荧光增白剂、STPP、CMC 等依次加入，并使其溶解，保持温度在 60～65℃。

④ 停止加热，待温度降至 40℃以下时加入色素、香精等搅拌均匀。

⑤ 测溶液的 pH 并调节反应液的 pH 值。QB/T 1224—2012《衣料用液体洗涤剂》规定：洗衣液（1%的水溶液）的 pH 值不大于 10.5，丝毛用洗涤剂（1%的水溶液）的

pH 值在 4.0～8.5 之间。

⑥ 降至室温，加入食盐调节黏度，使其达到规定黏度。本实验不控制黏度指标。

⑦ 注意事项。按次序加料，必须使前一种物料溶解后再加后一种；温度按规定控制好，加入香精时的温度必须低于 40℃，以防挥发；制得的产品可由同学带回试用。

⑧ 洗衣液性能测定。

产品的 pH 值测试：液体洗涤剂的 pH 值按照 GB/T 6368—2008《表面活性剂　水溶液 pH 值的测定　电位法》来进行。用样品的 1%水溶液在 25℃时进行测定。

产品的稳定性测试：将液体洗涤剂倒入洁净的 100mL 无色透明玻璃磨口试剂瓶中，加塞。置于−5℃±2℃冰浴中 24h，取出，恢复到 15～25℃，观察外观，记录是否分层、沉淀。

将液体洗涤剂倒入洁净的 60mL 无色透明玻璃磨口试剂瓶中，加塞。置于 40℃±2℃保温箱中 24h，取出，恢复到 15～25℃，观察外观，记录是否分层、沉淀。

产品的发泡力测试：液体洗涤剂的发泡力测定按 GB/T 7462—1994《表面活性剂　发泡力的测定　改进 Ross-Miles 法》来进行。

用蒸馏水或 3mmol/L Ca^{2+}硬度的水配制样品溶液，硬水按 GB/T 6367—2012 的规定配制，见附录 6。用罗氏泡沫仪按表面活性剂发泡力的测定方法测定。

扫码查看附录 6

产品的去污力测试：液体洗涤剂的去污性能测定按 GB/T 13174—2021《衣料用洗涤剂去污力及循环洗涤性能的测定》进行。

白度的测量：将同一类别试片相叠，用白度计在 457nm 下逐一读取洗涤前后的白度值。洗前在试片正反两面各取两个点（每一面的两点应中心对称），测量白度值，以四次测量的平均值为该试片的洗前白度 $F1$；洗后在试片的正反两面各取两个点（每一面的两点应中心对称），测量白度值，以四次测量的平均值为该试片的洗后白度 $F2$。

去污洗涤实验：洗涤实验在立式去污机内进行，测试前先将仪器预热至 30℃±1℃稳定一段时间。实验时用自来水（事先预热至 30℃）分别将试样与标准洗衣液配制成一定浓度（一般为 0.2%）的测试溶液 1L，倒入对应的去污浴缸内，将浴缸放入所对应的位置并装好搅拌叶轮，调节仪器使洗涤实验温度保持在 30℃±1℃，准备测试。

将测定过白度的试片分别投入各浴缸中，启动搅拌，并保持搅拌速度 120r/min，洗涤过程持续 20min 后停止。将洗涤后的试片进行漂洗，悬挂于室温下晾干后，测试洗后白度。计算每个试片洗涤前后的白度差（$F2-F1$），并对每片试片在置信度 90%下进行 Q 值检验，对可疑值进行取舍。每组试片中超出极限范围需要舍去的数据不超过 1 个，否则该组实验作废，需要重做实验。确认有效的白度差和试片数量 n 后，按下式计算去污力。

污布去污值 R 的计算

$$R=\sum(F2-F1)/n$$

结果保留到小数点后 1 位。

污布去污比值 P 的计算

$$P=R_s/R_0$$

式中，R_s为试样的去污值；R_0为标准洗衣液的去污值。

洗涤剂去污力的判定：当 $P \geqslant 1.0$ 时，则判定结论为“样品对污布的去污力等于或优于标准洗衣液”，简称“去污力合格”；当 $P<1.0$ 时，则判定结论为“样品对污布的去污力劣于标准洗衣液”，简称“去污力不合格”。

要比较样品与标准洗衣液去污力的大小，应将标准洗衣液与样品的洗涤溶液置于相同的条件下，各用相同数量的同种试片为一组做同机去污洗涤实验。当 $0.9<P<1.0$ 时，为确保测试结果的正确性，消除工作单元的误差，应重复洗涤去污测试，并适当增加测定的总次数。

五、思考题

① 通用液体洗衣剂配方设计的原则有哪些？

② 通用液体洗衣剂的 pH 值是怎样控制的？为什么？

实验 16　乳状液的制备、鉴别和破乳

实验Ⅰ　乳状液的制备和类型鉴别

一、实验目的

① 掌握乳状液的制备方法；

② 熟悉乳化剂的使用及乳状液类型的鉴别方法。

二、实验原理

乳状液是指一种液体分散在另一种与它不相溶的液体中所形成的分散体系。乳状液有两种类型，即水包油型（O/W 型）和油包水型（W/O 型）。只有两种不相溶的液体是不能形成稳定乳状液的。要形成稳定的乳状液必须有乳化剂存在，一般的乳化剂为表面活性剂。

表面活性剂主要通过降低表面能、在液珠表面形成保护膜或使液珠带电来稳定乳状液。乳化剂也分为两类，即水包油型乳化剂和油包水型乳化剂。通常一价金属的脂肪酸皂（例如油酸钠）由于亲水性大于亲油性，为水包油型乳化剂；而二价或三价金属的脂肪酸皂（例如油酸镁）由于亲油性大于亲水性，为油包水型乳化剂。

乳状液的类型可用外观法、稀释法、染色法、滤纸润湿法、电导法等方法鉴别。

三、实验仪器及试剂

1. 实验仪器

具塞锥形瓶、大试管、量筒、烧杯、滴管、滤纸。

2. 实验试剂

苯（化学纯）、油酸钠（化学纯）、2%油酸镁苯溶液、苏丹Ⅲ。

四、实验步骤

1. 乳状液的制备

在 100mL 具塞锥形瓶中加入 15mL1%油酸钠水溶液，然后加入 15mL 苯（每次约加 1mL），每次加苯后剧烈摇动，直到看不到分层的苯相。这样制备出Ⅰ型乳状液。

在另一个 100mL 具塞锥形瓶中加入 15mL 2%油酸镁苯溶液，然后加入 15mL 水（每次约加 1mL），每次加水后剧烈摇动，直到看不到分层的水相。这样制备出Ⅱ型乳状液。

2. 乳状液类型鉴别

① 稀释法。分别用小滴管将 1 滴Ⅰ型和Ⅱ型乳状液滴入盛有自来水的烧杯中，观察现象并记录。

② 染色法。取 2 只干净试管，分别加入 1～2mLⅠ型和Ⅱ型乳状液，向每支试管中加入 1 滴苏丹Ⅲ溶液，观察现象并记录。

③ 滤纸润湿法。取一张滤纸，用玻璃棒将配好的乳状液滴在滤纸上，观察现象并记录。

④ 电导法。取 2 个干燥小烧杯，分别加入少许Ⅰ型和Ⅱ型乳状液，连接好电路（连接方法见图 4-1），观察现象并记录。

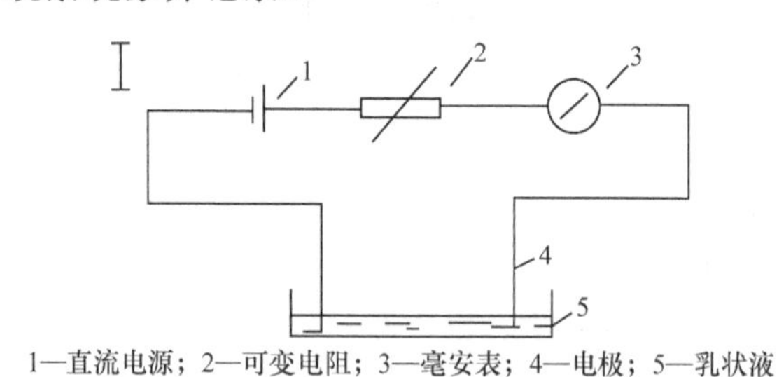

1—直流电源；2—可变电阻；3—毫安表；4—电极；5—乳状液

图 4-1 电导法测定乳液类型的实验装置示意图

3. 实验记录与结果讨论

现象	Ⅰ型乳状液	Ⅱ型乳状液	解释说明

五、思考题

① 鉴别乳状液的方法有何共同点？

② 水量大于油量可以形成水包油乳状液，反之则形成油包水乳状液的说法是否正确？试用实验结果加以说明。

③ 加入乳化剂，两个互不相溶的液体就能形成乳状液吗？

实验 Ⅱ 乳状液的破乳实验

一、实验目的

① 理解影响乳状液稳定性的因素；
② 掌握常用乳状液稳定性的表征方法；
③ 熟悉常用乳状液的破乳方法与原理。

二、实验原理

添加少量的乳化剂就能使乳状液比较稳定地存在，解释这种现象的理论就是乳状液的稳定理论。乳状液的稳定性不仅涉及热力学问题，还涉及动力学问题，而且后者往往是更重要的。影响乳状液稳定性的主要因素有：表面张力、表面电荷、界面膜、黏度、密度、温度等。乳状液的破乳过程为：液滴接触碰撞→并结絮凝→聚结分层（如图 4-2 所示）。反之为乳状液形成过程。

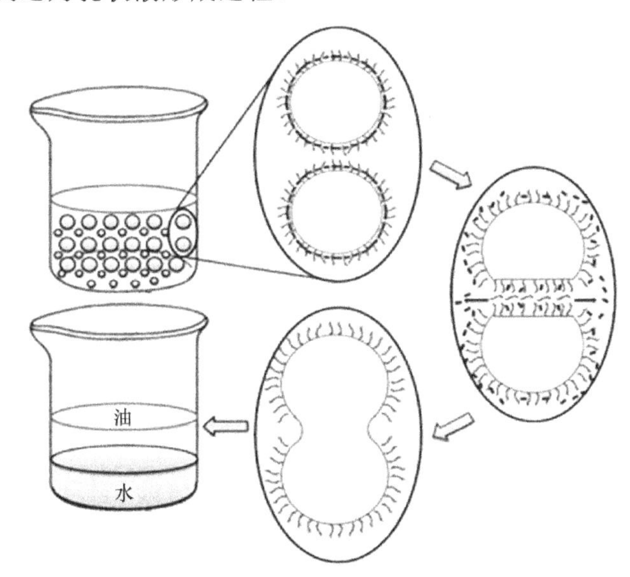

图 4-2 破乳过程示意图

三、实验仪器及试剂

1. 实验仪器

具塞锥形瓶、量筒、试管、烧杯、蒸馏水瓶、医用手套、DF-101S 型集热式恒温加热磁力搅拌器、KQ-250DE 型超声波清洗器。

2. 实验试剂

500g 氯化钠（化学纯）、500mL 苯（化学纯）、500g 油酸钠（化学纯）、油酸镁苯溶液。

四、实验步骤

1. 乳状液的制备

制备水包油Ⅰ型乳状液和油包水Ⅱ型乳状液（具体的配方见表4-3中“乳状液配方”）。

2. 乳状液的破乳实验

破乳的原理就是使乳状液油水界面的稳定平衡受到影响。破乳方法有机械法、温度调节、电解质法、化学法和生物法等多种方法，要求掌握实验室常用的几种破乳方法。

机械法，包括强力搅拌法和超声波法。超声波法是基于超声波作用于性质不同的流体介质产生的空化和位移效应来实现破乳的。

温度调节，升温可增加乳化剂的溶解度，降低其在界面的吸附量，削弱保护膜；升温还可降低外相黏度，增加液滴碰撞机会，利于破乳。冷冻也能破乳，在冷冻条件下油珠中油脂和水相可能结晶，其针状的冰晶刺破两相界面膜，解冻时保持冰晶的一定形状，在界面张力的作用下，分散的冰晶靠近，最后熔融形成连续相，实现破乳。

电解质法，在水包油型乳状液中加入电解质，可改变乳状液的亲水亲油平衡，降低乳状液的稳定性。

3. 实验结果

实验过程记录内容如表4-3所示。

五、思考题

① 影响乳状液稳定性的因素有哪些？

② 升温或降温对于乳状液稳定性有何影响？如何实现破乳？

表4-3 乳状液配制及破乳实验结果

乳状液类别	乳状液配方	破乳方法	观察并记录现象（分层？絮凝？破乳？变型？聚结？）	解释
Ⅰ型乳状液	15mL 1%油酸钠水溶液，15mL 苯	强力搅拌法，4000r/min 搅拌15min，静置		
		超声波法，100MHz 超声15min，静置		
		升温加热法，逐渐加热至100℃维持15min		
		冷冻解冻法，置于冰箱-15℃维持30min，解冻		
		电解质法，缓慢搅拌加入氯化钠，观察		
Ⅱ型乳状液	15mL 2%油酸镁苯溶液，15mL 水	强力搅拌法，4000r/min 搅拌15min，静置		
		超声波法，100MHz 超声15min，静置		
		升温加热法，逐渐加热至100℃维持15min		
		冷冻解冻法，置于冰箱-15℃维持30min，解冻		
		电解质法，缓慢搅拌加入氯化钠，观察		

第五章

化工过程强化实验

实验 17　超重力化工过程强化

实验Ⅰ　超重力流体力学性能

一、实验目的

① 理解超重力错流、逆流装置的结构特点；

② 掌握超重力装置中离心压降（Δp_c）、干床压降（Δp_d）及湿床压降（Δp_w）的测定方法；

③ 理解旋转填料床的床层、入口、出口等局部压降，干床压降和湿床压降的影响因素及其影响规律，提出实验优化和解决方案，培养学生解决问题的能力；

④ 初步认识错流旋转填料床液沫夹带现象和逆流旋转填料床液泛现象形成的原因；

⑤ 学会使用 PLC 控制超重力装置，改变实验操作参数进行压降测定；

⑥ 学会采用 origin 数据处理软件对实验结果进行分析。

二、实验原理

1. 超重力装置结构

常见的超重力装置主要有逆流超重力装置和错流超重力装置。在逆流旋转填料床中，液体由转子内缘向外缘运动，而气体由外向内运动，造成气液逆流流动，如图 5-1（a）所示；在错流旋转填料床中，液体流向不变，而气体沿轴向通过填料层，在填料层中与沿径向流动的液体错流接触，如图 5-1（b）所示。

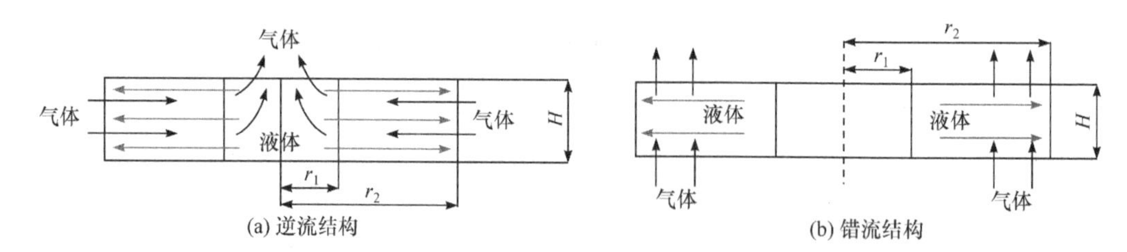

图 5-1　旋转填料床中气液流动示意图

在旋转填料床中，液体的流通截面逐渐增大，由 $2r_1\pi H$ 增大到 $2r_2\pi H$，液体的喷淋密度逐渐减小。逆流结构中，气体的流通截面逐渐减小，由 $2r_2\pi H$ 减小为 $2r_1\pi H$，气体流速逐渐增大，气相阻力也逐渐增大；错流结构中，气体沿轴向穿过填料层，与沿径向运动的液体错流接触，气体流通截面恒定为 $\pi(r_2^2-r_1^2)$。

2. 气相压降的计算

旋转填料床的气相压降特性有离心压降Δp_c、干床压降Δp_d、湿床压降Δp_w等指标。

离心压降Δp_c是指在不加载任何气液负荷时，由填料旋转带动空气流动形成的压降；干床压降Δp_d是指在不加载液体负荷时，气体通过超重力装置产生的压降；湿床压降Δp_w是指在加载气液负荷时，气体通过超重力装置产生的压降。

3. 超重力因子、气速和液体喷淋密度的计算

（1）超重力因子

旋转填料床中，转速与转子直径都会影响离心加速度的大小，为表征超重力场的大小，超重力因子定义为超重力场下的加速度与重力加速度的比值，无量纲，其定义式为

$$\beta = \frac{\omega^2 r}{g} \tag{5-1}$$

式中，ω为转子旋转的角速度，s^{-1}；r为转子的半径，m；g为重力加速度，m/s^2。

（2）气体流速

在错流旋转填料床中，气体流经填料层的平均流速由气量与流通截面计算得到，其定义式为

$$u = \frac{Q}{\pi\left(r_2^2 - r_1^2\right)} \tag{5-2}$$

式中，u为气体平均流速，m/s；Q为气体流量，m^3/s；r_2为转子外径，m；r_1为转子内径，m。

（3）液体喷淋密度

错流旋转填料床中，液体由液体分布器喷洒到填料内缘后，被填料捕获，在离心力作用下沿径向从内向外运动，在这个过程中，液体被填料多次切割、碰撞、凝并，填料表面的液体不断快速更新，从而增大了气液接触面积。与传统填料塔设备相同，在超重力设备内，液体喷淋密度是选取液体流量时重要的设计参数，其定义式为

$$q = \frac{L}{2\bar{r}\pi H} \tag{5-3}$$

式中，q为液体喷淋密度，$m^3/(m^2 \cdot h)$；L为液体流量，m^3/h；$\bar{r}$为转子的平均半径（内外径的平均值），m；H为填料层的径向厚度，m。

三、实验仪器及试剂

1. 实验仪器

风机、流量计、旋转填料床、电机、液泵、储液槽、压力传感器、液封装置。

2. 实验试剂

研究对象（空气-水体系）。

四、实验步骤

本实验以空气-水体系为研究体系进行气相压降的测定。以错流旋转填料床为例，

超重力装置气相压降测定流程图和具体的实验内容见附录 7。

扫码查看附录 7

1．错流旋转填料床压降测量

向储液槽中注水，1L 以上。

（1）离心压降测量

① 打开总电源，打开变频器，在不通气体（空气）与液体（水）的条件下，通过变频器转速 0～1000r/min 下的五个转速，调节超重力因子大小，测量气体进出口压降，记录数据，得出离心压降大小；② 调节变频器转速为零。

（2）干床压降测量

① 打开变频器，调节变频器转速为 400r/min；② 启动风机，调节不同气量 0～10m^3/h 下的五个气速，测量气体进出口压降，记录数据，得出干床压降大小；③ 调节变频器转速 0～1000r/min 下的五个转速，重复步骤②，测量气体进出口压降，记录数据，得出干床压降大小；④ 关闭风机，调节变频器转速为零，关闭变频器开关。

（3）湿床压降测量

① 启动泵，调节流量为 40L/h；② 打开变频器，调节变频器转速为 400r/min；③ 启动风机，调节不同气量 0～10m^3/h 下的五个气速，测量气体进出口压降，记录数据，得出湿床压降大小；④ 调节变频器转速 0～1000r/min 下的五个转速，重复步骤③，测量气体进出口压降，记录数据，得出湿床压降大小；⑤ 调节流量 40～140L/h 下的五个液体喷淋密度，重复步骤②、③、④，测量气体进出口压降，记录数据，得出湿床压降大小；⑥ 关闭风机，调节变频器转速为零，关闭变频器开关，关闭泵，结束实验。

2．逆流旋转填料床压降测量

更换逆流旋转填料床，重复离心压降、干床压降、湿床压降的测试步骤。

3．实验记录

本次实验过程中需要记录的数据如表 5-1～表 5-3 所示。

表 5-1　离心压降实验数据记录

序号	超重力因子β	离心压降Δp_c/kPa
1		
2		
3		
…		

表 5-2　干床压降实验数据记录

序号	气速/（m/s）	超重力因子β	干床压降Δp_d/kPa
1			
2			
3			
…			

表 5-3 湿床压降实验数据记录

序号	气速/（m/s）	液体喷淋密度/[$m^3/(m^2 \cdot h)$]	超重力因子β	湿床压降Δp_w/kPa
1				
2				
3				
…				

五、思考题

① 化工过程强化技术与现有常用设备和技术相比有哪些优势?

② 超重力化工过程强化主要研究内容是什么?

实验Ⅱ 超重力传质性能

一、实验目的

① 了解超重力旋转填料床结构特征及其强化水吸收 CO_2 传质过程原理；

② 对超重力旋转填料床、泵、风机、阀门、流量计和气瓶等能够进行规范操作，并能针对实验中出现的事故进行分析，提出解决方案和措施；

③ 学习气相中 CO_2 含量的测试方法，能够对 CO_2 吸收效率进行测定和计算；

④ 掌握计算超重力旋转填料床中气相总体积传质系数的方法。

二、实验原理

1. 超重力旋转填料床强化水吸收 CO_2 传质过程原理

水吸收 CO_2 过程为中等溶解度的吸收过程，遵循亨利定律，故提高气液传质速率，可以保证 CO_2 被水高效吸收。

超重力旋转填料床利用其填料的旋转产生一种稳定的、可以调节的离心力场以代替常规重力场，旋转的填料可将吸收液水进行高度分散和快速聚并，使得气-液相间相对速度大大提高，相界面积极大增加且相界面得到快速更新，从而强化水和 CO_2 的相间传质，提高传质速率，实现 CO_2 被水高效吸收。

2. 超重力旋转填料床中水对 CO_2 吸收效率的测定

使用便携式 CO_2 气体检测仪来测定进气口和出气口处 CO_2 的体积浓度，进而计算水对 CO_2 的吸收效率。

3. 气相总体积传质系数的计算

运用溶质相间传质速率和物料衡算方程计算气相总体积传质系数。原理和计算公式见附录 8。

扫码查看附录 8

三、实验仪器及试剂

1. 实验仪器

罗茨鼓风机、气体流量计、液体流量计、储液罐、超重力旋转填料床、离心泵。

2. 实验试剂

CO_2气体、水。

四、实验步骤

本实验的装置和工艺流程如图 5-2 所示。实验所需 CO_2 气体来自 CO_2 气瓶，并经气体流量计计量后进入超重力旋转填料床的管道。空气通过罗茨鼓风机流经气体流量计后进入管道。CO_2 和空气混合后的气体进入超重力旋转填料床。将吸收液水注入吸收前储液罐中，经离心泵加压、液体流量计计量后，由进液口进入超重力旋转填料床。吸收液在超重力旋转填料床内经液体分布器后喷洒到填料内缘，在超重力作用下，在填料层内被粉碎成液滴、液丝及附着在填料表面上和间隙的液膜。气液两相在高湍动、大相界面及相界面高速更新的情况下完成吸收液水对 CO_2 气体的高效吸收。吸收后的气体经超重力旋转填料床上层除雾器除雾后，由顶部出气口排出。吸收 CO_2 后的吸收液变为富液，由出液口流出，进入吸收后储液罐。在进气口和出气口处分别留有取样口以检测 CO_2 体积浓度。

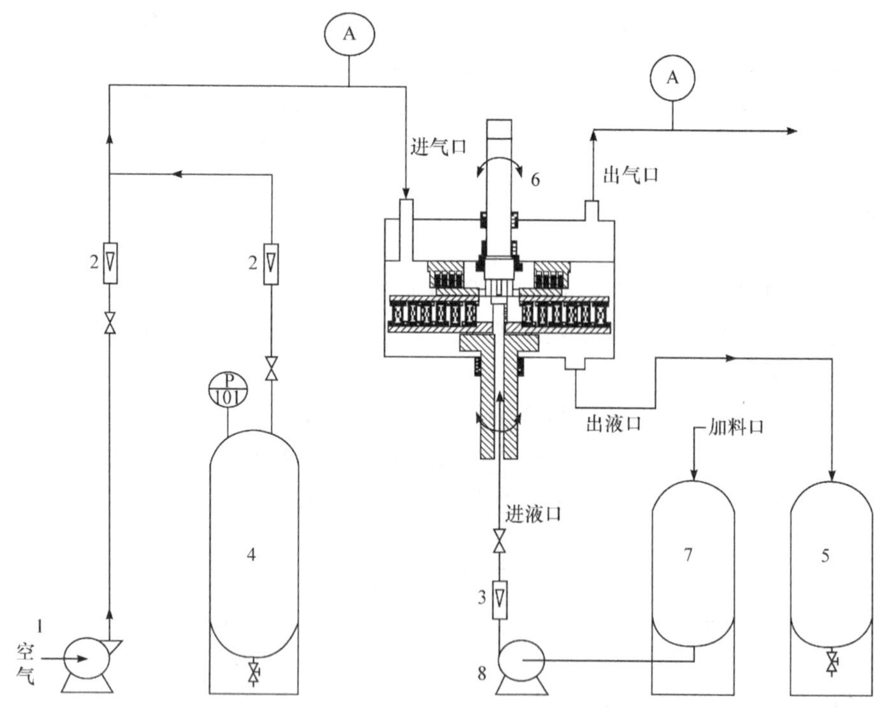

1—罗茨鼓风机；2—气体流量计；3—液体流量计；4—CO_2气瓶；5—吸收后储液罐；6—超重力旋转填料床；7—吸收前储液罐；8—离心泵

图 5-2 超重力旋转填料床传质性能研究的实验装置及工艺流程图

本次实验装置的主要技术参数如表 5-4 所示。

表 5-4 实验装置主要技术参数表

序号	名称	用途或参数
1	超重力旋转填料床	设备外径：93mm 设备内径：30mm 处理气量：0～10m^3/h 填料层高度：60mm 填料材质：不锈钢丝网 最高转速：1500r/min
2	罗茨鼓风机	气体输送设备
3	离心泵	液体输送设备
4	液体转子流量计	0～400L/h
5	气体转子流量计	0～25m^3/h
6	CO_2气瓶	气源

1. 实验操作

① 检查超重力旋转填料床、离心泵、风机、阀门、流量计、气瓶、管路和其他测量仪器等是否正常。实验过程中若出现事故，对其进行分析和解决。

② 吸收前储液罐中注入吸收剂水，启动超重力旋转填料床，缓慢顺时针调节变频器频率按钮，调节转速至所需值；打开阀门，启动离心泵，使超重力旋转填料床内填料充分湿润，然后将阀门关小，通过调节阀门开度以调节液体流量至所需值。

③ 风机出口管路有旁路阀时，将其打开，启动风机。通过调节旁通阀的开度，使空气以指定流量流入。根据空气流量计算 CO_2 气体流量，使其满足混合气体中的 CO_2 气体含量。依次打开 CO_2 气瓶上的总阀和减压阀，调节至所需的气体流量并维持稳定。

④ 实验开始。根据实验内容及要求，固定其他操作条件，分别改变超重力旋转填料床转速、气体流量、液体流量进行单因素实验。在进气口和出气口处取样，检测 CO_2 体积浓度，记录相关数据，计算 CO_2 吸收效率和气相总体积传质系数。

⑤ 实验结束后，首先，依次关闭 CO_2 气瓶总阀和减压阀，停止进气；然后，逐渐调节液体流量至 0，关闭离心泵；待超重力旋转填料床内液体流尽后，关闭风机；待超重力旋转填料床再运行 3～5min 时，逆时针调小变频器频率，直至停止；最后，关闭控制箱总闸，清理实验现场，一切复原。

2. 实验内容

① 掌握超重力旋转填料床、离心泵、风机、阀门、流量计、气瓶和管路操作方法。若实验操作过程中出现实验事故，要求能对事故进行分析和解决。

② 分析超重力旋转填料床中水吸收 CO_2 过程中的主要操作参数，并将其调控至合理范围。

③ 固定气体流量和液体流量，在超重力因子β为 1～100 范围内合理设计实验操作点，并进行单因素实验。通过查表和测量进气口及出气口处 CO_2 的含量，得到不同超重力因子和其他相同操作条件时的 CO_2 吸收效率数据，测定和计算相应的气相总体积传质系数，分析与讨论超重力因子对 CO_2 吸收效率和气相总体积传质系数的影响规律。

④ 固定超重力旋转填料床转速和液体流量，在气体流量分别为 2～20m^3/h 范围内合理设计实验操作点，并进行单因素实验。通过查表和测量进气口及出气口处 CO_2 的含量，

得到不同气体流量和其他相同操作条件时的 CO_2 吸收效率数据，测定和计算相应的气相总体积传质系数，分析与讨论气体流量对 CO_2 吸收效率和气相总体积传质系数的影响规律。

⑤ 固定超重力旋转填料床转速和气体流量，在液体流量为 10～100L/h 范围内合理设计实验操作点，并进行单因素实验。通过查表和测量进气口及出气口处 CO_2 的含量，得到不同液体流量和其他相同操作条件时的 CO_2 吸收效率数据，测定和计算相应的气相总体积传质系数，分析与讨论液体流量对 CO_2 吸收效率和气相总体积传质系数的影响规律。

⑥ 通过实验数据处理和单因素影响进行分析与讨论，以超重力旋转填料床强化水吸收 CO_2 传质过程为目标，确定实验适宜的操作条件。

3. 数据记录及处理

（1）实验数据记录表

根据实验内容，设计和填写实验数据记录表。

（2）实验数据处理和分析

对实验数据进行处理，分析超重力旋转填料床中水吸收 CO_2 过程的影响因素及其对吸收效率和气相总体积传质系数的影响规律。

4. 实验结果与讨论

根据吸收过程影响因素及其规律，以超重力旋转填料床强化水吸收 CO_2 传质过程为目标，确定实验适宜的操作条件，并进行相关讨论。

五、思考题

① 流体力学性能是衡量超重力装置气液传递性能的重要指标之一，流体力学性能会影响气液传质的哪些性能？

② 超重力错流旋转填料床装置、逆流旋转填料床装置的流体力学性能-气相压降研究有何不同？

实验 18　微通道反应器过程强化

一、实验目的

① 了解微通道反应器的组成与特性，学会微通道反应器的基本操作方法，理解微混合器过程强化原理；

② 认识微混合器的结构，学会使用碘化物-碘酸盐平行竞争反应体系研究微混合器的微观混合性能；

③ 探究微混合器的类型、氢离子浓度、体积流量和混合流体的体积流量比对微混合器离集指数的影响，并对实验结果进行理论分析。

二、实验原理

1. 微通道反应器强化传质过程

以微通道反应器为代表的微化工技术，在传质和传热等方面有着巨大的优势，是未来化学化工领域发展的重要方向。微通道反应器是利用微加工技术制造，内部特征尺寸介于 10～1000μm 之间的微型反应设备。其内部狭窄的微米级规整通道缩短了扩散传质的时间和距离，内部加大的比表面积能够实现物料快速充分混合（微秒级），最大程度上强化传质过程，提高混合效率。微通道反应器的核心部件是微混合器（如图 5-3 所示），物料通过微混合器进行混合。分离再结合型微混合器 CPMM-R300-SS 的混合原理是流体从两个方向进入通道相互撞击，两相在剪切力的作用下破碎再结合。流体在流动过程中不断进行分割—重排—再结合，进行强化传递，实现流体的混合过程。内交叉指型微混合器 SIMM-V2-SS 的混合原理是流体通过微米级通道被分割成许多微米级厚度的薄层后相互接触，增加了流体间的接触面积，从而更好地促进混合。

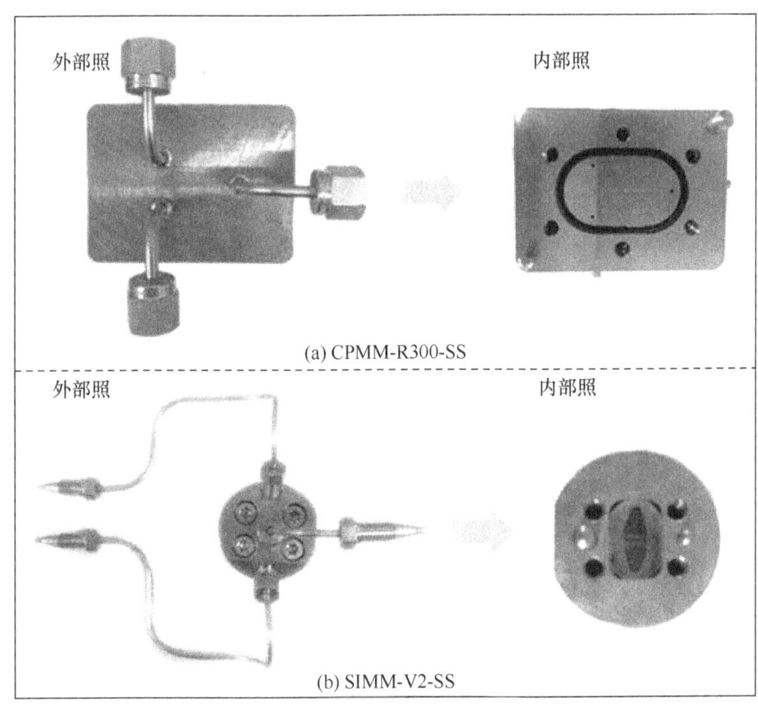

图 5-3 微混合器

2. 微观混合研究方法与原理

微流体系统中的混合过程是重要环节，混合效率的高低直接影响后续反应过程的进行。微观混合可以实现分子尺度上的均匀混合，因此对微混合器微观混合性能的研究具有重要意义。目前，微观混合性能的研究方法主要有示踪法、化学法和 CFD 法。化学法中的平行竞争反应体系和串联竞争反应体系是两种比较常用的研究微观混合性能的体系。其中，碘化物-碘酸盐平行竞争反应体系，因其反应简单、操作简便、反应物无毒无害、产物易于分析、成本低等，近年来广泛被研究者所采用。为了定量表征混合器的混合效率，离集指数的计算非常重要（具体的计算方法参考附录 9）。

三、实验仪器及试剂

扫码查看附录 9

1. 实验仪器

高压输液泵（SP0530）、高压输液泵（AP0010）、微混合器（CPMM-R300-SS）、

微混合器（SIMM-V2-SS）、紫外-可见分光光度计（752）或可见分光光度计（722s）。

2. 实验试剂

H_3BO_3、NaOH、KI、KIO_3、浓硫酸（98%）。

四、实验步骤

1. 配制碘化物-碘酸盐混合溶液（料液 A）

称取一定量的 H_3BO_3（1.1235g，$M=61.8$）、NaOH（0.3636g，$M=40$）、KI（0.2656g，$M=166$）和 KIO_3（0.0706g，$M=214$）固体粉末，分别用去离子水溶于烧杯中。将 H_3BO_3 水溶液与 NaOH 水溶液混合，然后在 H_3BO_3/NaOH 混合溶液中，依次加入 KI 溶液和 KIO_3 溶液。配制成 H_3BO_3、NaOH、KI、KIO_3 浓度分别为 0.1818mol/L、0.0909mol/L、0.016mol/L 和 0.0033mol/L 的水溶液 100mL。必须严格遵守加入次序，以使碘离子和碘酸盐离子能共存于中性溶液中，防止碘的形成。

2. 配制不同浓度硫酸溶液（料液 B）

配制 H^+浓度为 0.1mol/L 的硫酸溶液 1L：称取 5g 浓硫酸（质量分数 98%），搅拌加入到含有去离子水的烧杯中，转移到 1L 容量瓶后，加入去离子水定容。取适量 0.1mol/L 的硫酸溶液配制 H^+浓度为 0.01～0.1mol/L 的水溶液 100mL。

3. 微观混合实验操作过程

将微通道反应器出口管道置于废液瓶中，启动高压输液泵 10min 后，用样品瓶收集出口混合液约 10mL，完成后关闭高压输液泵。采用分光光度计测定出口液中 I_3^- 吸光度。实验完毕后，在螺口瓶中注入去离子水，将高压输液泵流速设定为 1mL/min，清洗 10min 后，关闭高压输液泵。

4. 测量分析

① 开启分光光度计电源，选择测试模式“A”吸光度，调至测试波长（353nm），预热 20min。

② 将装有参比溶液的比色皿置于校正位置，盖上试样室盖，调节“100%T/0A”按钮，使数字显示为“100.0%”；调节“0%T”按钮，使数字显示为“00.0%”。

③ 将装有被测溶液的比色皿移入光路，显示值即为被测样品的吸光度值 $A(I_3^-)$。

④ 参考 $A(I_3^-)$-$c(I_3^-)$标准曲线计算出所测样品溶液中 I_3^- 浓度 $c(I_3^-)$。

⑤ 根据离集指数的定义式计算相应操作条件下微混合器的 X_s。

5. 实验注意事项

① 一定要注意选择合适的参比溶液，可以选用溶液 A，以此作为空白溶液，校准分光光度计。

② 待系统稳定后再根据需求接取样品，每次改变实验条件后，都需要等系统稳定 10min 后再取样。

③ 严格遵循料液 A 配制过程中各试剂的加入顺序。

④ 确保分光光度计拉杆到位（有定位感），且注意比色皿的方向性（G），参比溶液和待测液注入比色皿至上沿 3mm 处。

⑤ 停机时，首先将物料更换为清洗溶剂，将体系内的物料完全置换出来，冲洗完毕后关闭高压输液泵电源。

⑥ 如发现料液没有进料，首先观察是否由泵入口管线气泡过多导致。这种情况需打开泵头排液口冲洗或用注射器抽取，直至入口管线中无气泡为止。

⑦ 微混合器或者单向阀（高压输液泵）发生堵塞，立即停止两路进料，将混合器或者单向阀单独拆卸开，利用乙醇进行超声清洗。

⑧ 比色皿使用前用酒精冲洗、烘干，实验完毕用去离子水清洗容量瓶和样品瓶。

⑨ 变量参考范围[在固定混合流体的体积流量比 R=1 的情况下，改变氢离子浓度 $c_0(H^+)$=0.01～0.1mol/L；在 $c_0(H^+)$=0.01～0.03mol/L 的条件下，改变混合流体的体积流量比 R=1～5；其他条件固定，改变总体积流量 v=2～8mL/min）。

五、思考题

在 CPMM-R300-SS 微混合器条件下，随着总体积流量的增加，X_s如何变化，为什么？

实验 19　化工过程强化技术处理火炸药废水

一、实验目的

① 了解臭氧氧化、过氧化氢氧化等过程强化手段在工业废水领域的应用及强化原理；

② 学习以 TiO_2 为光催化剂，降解工业废水的基本方法和半导体粒子的光催化作用及机理；

③ 掌握火炸药废水处理的实验方法和基本操作，熟悉钢瓶的使用规则；

④ 根据实验数据绘制出火炸药废水（硝基苯水溶液模拟火炸药废水）浓度随时间变化的关系曲线，计算降解率；

⑤ 掌握化学需氧量（COD）的测试方法及测试后废液处理方法。

二、实验原理

根据硝基苯废水的处理要求及排放标准，利用臭氧氧化、光催化降解、过氧化氢氧化、通空气等过程强化手段中的一种或多种耦合降解硝基苯废水；在降解废水过程中定期取样检测降解情况，利用 COD 检测仪判断废水达标情况。

三、实验仪器及试剂

1. 实验仪器

COD 检测仪、COD 消解仪、磁力搅拌器、臭氧发生器、空气压缩机。

2. 实验药品

硝基苯水溶液、二氧化钛、碘化钾、浓硫酸、重铬酸钾（$K_2Cr_2O_7$）、硫酸银（Ag_2SO_4）、邻苯二甲酸氢钾、氢氧化钠、亚硫酸氢钠、氧气。

四、实验步骤

本实验的装置流程示意图如图 5-4 所示。

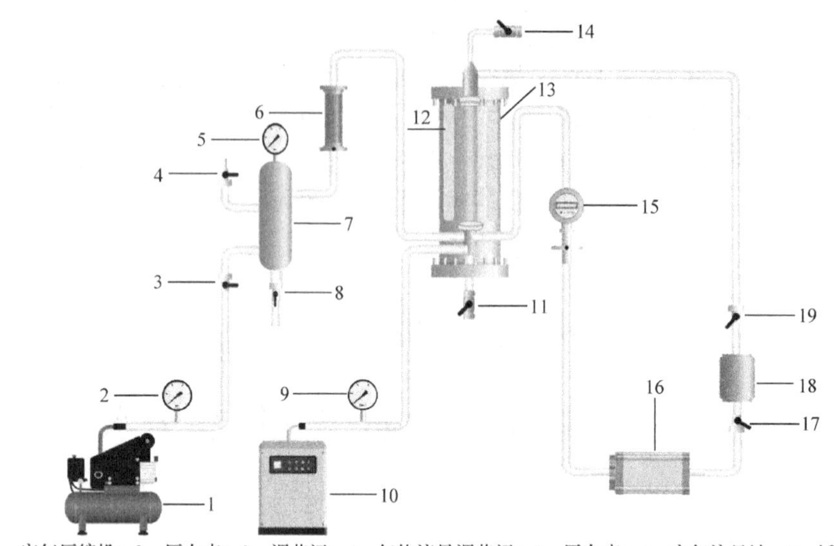

1—空气压缩机；2—压力表；3—调节阀；4—气体流量调节阀；5—压力表；6—空气流量计；7—缓冲罐；8—放液阀；9—压力表；10—臭氧发生器；11—放液阀；12—紫外线灯；13—光催化反应器；14—放空阀；15—液体流量计；16—蠕动泵；17—调节阀；18—储罐；19—取样阀

图 5-4 光催化臭氧氧化强化实验装置流程示意图

1. 硝基苯溶液的配制

将 1.5g/L 的硝基苯溶液稀释至 150mg/L。

2. 火炸药废水降解实验

① 可选的强化废水降解实验方案：光催化降解、臭氧氧化降解、过氧化氢氧化降解。

② 可选的过程强化手段：在储槽底部加磁力搅拌，通过压缩机向反应管中通空气。

③ 实验具体操作流程如下：

将实验装置所有阀门全部关闭，向储罐 18 内加入配制好的模拟硝基苯废水（150mg/L），如需要可开启磁力搅拌器。打开阀门 3、4、14、17 和 19，启动蠕动泵让储罐 18 中的液体进入反应器，反应器内液体充满后经溢流管回到储罐 18 中。如需鼓气，开启空气压缩机 1，可通过调节阀门 4 的开度调节进入反应器的气体流量。

采用设计方案进行反应，每隔一定时间取 4.5mL 溶液检测硝基苯降解情况，如采用 TiO_2 光催化强化需用离心机将样品进行离心分离后对上清液进行后续检测。

扫码查看附录 10

对待测废水样品进行消解。用 COD 检测仪检测消解后样品并记录数据（关于 COD 仪的使用和所需溶液的配制方法见附录 10～11），直到 COD 检测值达到废水排放标准，实验结束。实验结束后，打开放液阀 11 将管路中的残留液体收集起来。并向储罐 18 中加入蒸馏水，启动蠕动泵对流量计、管路和反应器进行冲洗。冲洗后将反应器和储罐内的液体全部放净，保持管路、流量计、储罐清洁干净。

扫码查看附录 11

注：本实验可研究有无臭氧、有无光照、有无搅拌、有无鼓气等不同实验条件对

废水降解反应的影响。实验可采用一种强化手段，也可以同时采用多种强化手段。采用光催化降解方法时，TiO_2光催化剂在废水中的浓度一般为1g/L。

3. 实验操作注意事项

① 紫外线对人体有伤害，所以要用黑布隔开紫外灯，眼睛不要直视紫外光，不允许反应器内无液体时开启紫外灯。

② 采用离心法取上层清液时，不要混入二氧化钛颗粒，否则会影响实验结果。

③ 实验过程中应严格按照操作步骤进行，违反操作规程可能导致实验失败甚至引发事故。

④ 实验结束时应将实验管路、反应器、流量计、储罐等实验设备和实验环境清理干净。

五、思考题

① 通过文献调研及其他资料，总结废水处理的意义、作用及一般步骤。

② 简述高级氧化法处理废水的种类、浓度范围及作用机理。

③ 简述重铬酸钾法测定化学需氧量（COD）的检测原理。

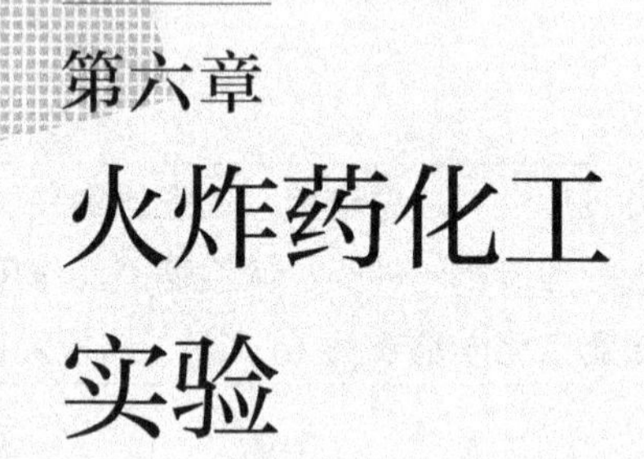

第六章

火炸药化工实验

实验 20 二硝基甘脲的制备及性能测试

实验 I 二硝基甘脲的合成

一、实验目的

1. 理解 1,4-二硝基甘脲的合成原理；
2. 掌握测定撞击感度的原理和方法；
3. 掌握撞击感度的表示方法。

二、实验原理

1,4-二硝基甘脲（1,4-dinitroglycoluril，代号 DINGU），早在 1888 年首先由 Franchimont 等人合成出来，直到 20 世纪 70 年代才受到一些国家的重视，并对其合成方法与性能进行了详细研究。法国学者认为其感度接近 TATB（三氨基三硝基苯），在燃烧时，不转为爆轰。DINGU 由于它的高密度（$1.94g/cm^3$），具有药片机械感度低、爆速较高、能量较大、尺寸稳定性好、不溶于水等优点。1,4-二硝基甘脲的合成反应如下

$$O{=}C(NH_2)_2 + OHC{-}CHO + (H_2N)_2C{=}O \xrightarrow{pH=1} O{=}C\begin{array}{c}NH{-}CH{-}NH\\ |\\ NH{-}CH{-}NH\end{array}C{=}O \text{ 甘脲}$$

$$O{=}C\begin{array}{c}NH{-}CH{-}NH\\ |\\ NH{-}CH{-}NH\end{array}C{=}O + 2HNO_3 \longrightarrow O{=}C\begin{array}{c}NH{-}CH{-}N(NO_2)\\ |\\ (NO_2)N{-}CH{-}NH\end{array}C{=}O + 2H_2O$$

三、实验仪器及试剂

1. 实验仪器

电动搅拌器、三口瓶、热水浴锅、滴液漏斗、铁架台。

2. 实验试剂

尿素、乙二醛（40%水溶液）、硝酸（98%）、乙醇、浓盐酸均为工业品，pH 试纸。

四、实验步骤

1. 甘脲的制备

将 10g 尿素溶于 50mL 蒸馏水中，加热到 40℃，在数分钟内滴加 40%乙二醛 10g，同时，继续升温，当温度达到 90～95℃时，滴加浓盐酸数滴，使 pH=1，在此温度下继续反应 30min，冷却至室温，过滤，水洗，烘干，称量，计算得率。其熔点为 280～300℃（分解）。

2. 二硝基甘脲的制备

在室温下，将 5g 甘脲（预先在 70℃烘干）加到 50mL 98%硝酸中，加料时要有良好的搅拌。加料完成后，将反应液升温到 55℃，搅拌 1h，然后缓慢地倒入 100mL 沸水中，煮 15min。此时，不稳定的 1,3-二硝基甘脲分解，留下 1,4 和 1,6 两种异构体的混合物（以 1,4-二硝基甘脲为主）。冷却到 0℃，过滤，用冰水洗至中性，然后用乙醇洗涤，干燥，得率可达 84%。分解温度为 225～250℃。

3. 二硝基甘脲撞击感度的测定

参考附录 12 对合成的二硝基甘脲进行撞击感度的测定。

扫码查看附录 12

五、思考题

① 比较撞击感度各种表示方法的优缺点。

② 炸药的机械（撞击、摩擦）感度用爆炸百分数表示或用临界落高表示，它们的统计分布规律是不同的，各服从什么分布？

③ 用上下法求撞击感度的临界落高时，为什么步长与落高均取对数值？

实验Ⅱ　二硝基甘脲的热分解性能测试——DSC 法

一、实验目的

① 了解差示扫描量热仪的工作原理及其在材料研究中的应用；
② 初步学会 DSC 仪器的操作技术；
③ 学会用 DSC 仪器研究材料的热分解行为。

二、实验原理

差示扫描量热法（DSC，differential scanning calorimetry）是指在程序控温下，测量输给被测样品和参比物的能量差与温度（或时间）关系的技术。差示扫描量热仪可分为功率补偿型和热流型两种基本类型。对于不同类型的 DSC，“差示”一词有不同的含义，对于功率补偿型，指的是功率差；对于热流型，指的是温度差；扫描是指程序温度的升降。

功率补偿型 DSC 有两个独立的炉体，其基本设计思想是始终保持样品和参比物在相同温度下，测定输给样品和参比物两端产生的能量差，并直接作为信号ΔQ（热量差）

输出。而热流型 DSC 只有一个炉体，样品和参比物放在热皿板的不同位置，其基本设计思想是在给予样品和参比物相同的输出功率条件下，测定样品和参比物两端产生的温度差ΔT，然后根据热流方程，将ΔT［温度差转换为ΔQ（热量差）］作为信号输出。

DSC 的基本应用包括：熔点测定、结晶度测定、热历史研究、材料的热分解行为、玻璃化温度测定、等温结晶及等温动力学研究、比热容测定等。

典型的 DSC 曲线以热流率（dH/dt）为纵坐标、时间（t）或温度（T）为横坐标，即 $dH/dt \sim t$（或 T）曲线。曲线离开基线的位移即代表样品吸热或放热的速率（mJ/s），而曲线中峰或谷包围的面积即代表热量的变化。因而差示扫描量热法可以直接测量样品在发生物理或化学变化时的热效应。图 6-1 是典型的 DSC 曲线，随着温度的升高，当试样温度达到熔点温度 T_m 时，试样熔化吸热，所以相对于参比物而言，试样温度较低，热流值为负值，出现向下的吸热峰，反之同理。进一步升温，物质要分解，分解会放出大量的热量，所以会出现向上的吸热峰，而且热分解放热峰要大于熔融吸热峰。以熔融吸热峰和热分解放热峰的顶点所对应的温度作为熔融温度 T_m 和分解温度 T_d，而对两个峰积分所得的面积即为熔融热ΔH_m 和分解热ΔH_d。并不是每种试样都会出现这些过程，对某些不稳定的物质，可能没有熔化吸热峰，而有些物质可能会出现两个（或多个）分解放热峰。

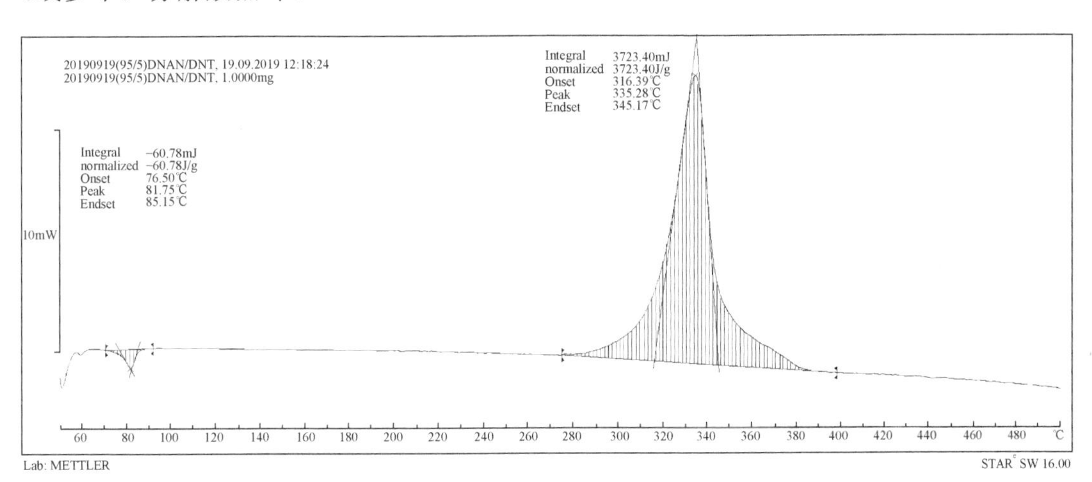

图 6-1 典型的 DSC 曲线图

三、实验仪器及试剂

1. 实验仪器

差示扫描量热仪、坩埚、分析天平（准确至 0.1mg）。

2. 实验试剂

二硝基甘脲、高纯氮气。

四、实验步骤

① 检查氮气钢瓶内剩余压力是否大于 2MPa，如果总压力小于 2MPa，需更换新

的氮气钢瓶，以防止残余气体中水等杂质对实验结果产生影响；

② 打开氮气钢瓶总压力阀，并调节减压阀压力小于或等于 2.0bar；

③ 打开差示扫描量热仪主机电源；

④ 打开差示扫描量热仪连接的机械制冷设备，等待 60min 以上，并确认机械制冷装置的温度降至恒定温度；

⑤ 打开电脑主机，打开控制软件进入主控界面；

⑥ 设置 DSC 样品温度至一定温度，如 25℃；

⑦ 称量待测样品质量，然后封装于标准坩埚中；

⑧ 将样品皿和参比皿分别载入差示扫描量热仪的样品仓位和参比仓位；

⑨ 关闭炉盖，并在控制界面设置好测试参数；

⑩ 点击开始测试按钮，并切换软件界面至监视窗口，等待实验结束；

⑪ 实验结束后拷贝实验数据并处理数据；

⑫ 将样品皿和参比皿从炉膛中取出并放至指定位置；

⑬ 检查 DSC 炉膛是否有污染或者样品溢出的情况，若有，要及时处理；

⑭ 关闭 DSC 主控制界面；

⑮ 关闭机械制冷设备；

⑯ 关闭 DSC 主机电源；

⑰ 关闭氮气钢瓶总压力阀，减压阀可保持常开状态（长期不用，要关闭）；

⑱ 做好仪器使用登记工作，以备后续查阅。

五、思考题

① 热流型 DSC 的基本工作原理是什么？

② 分析处理 DSC 曲线时，T_m和 T_d如何确定？

实验 21　二硝基甲苯的制备

一、实验目的

① 掌握二硝基甲苯的合成原理；

② 理解甲苯分段硝化的基本原理。

二、实验原理

芳香族硝基化合物是指硝基直接与芳环相连的硝基化合物。芳香族炸药至今仍是用量最大、用途最广的一类单质炸药，这是由于其原料来源广泛，制造工艺相对来说较方便，成本低且稳定性好，使用较安全。

一般来说，芳香族一硝基化合物没有爆炸性，含有两个或多个硝基的芳香族硝基化合物才有爆炸性。为使芳香族硝基化合物具有足够的稳定性，每个苯环上硝基的数目不宜超过 3 个。本实验以甲苯为原材料，经硝硫混酸硝化，制备含有两个硝基的芳香族硝基化合物，即二硝基甲苯。具体的反应原理如下。

① 硝酸与硫酸反应，生成进攻试剂 NO_2^+：

$$HNO_3 + 2H_2SO_4 \longrightarrow H_3O^+ + 2HSO_4^- + NO_2^+$$

② 甲苯与硝硫混酸反应，生成一硝基甲苯（MNT），反应式如下：

$$C_6H_5CH_3 + HNO_3 \xrightarrow{H_2SO_4} C_6H_4(NO_2)CH_3 + H_2O$$

③ 一硝基甲苯与硝硫混酸反应，生成二硝基甲苯（DNT），反应式如下：

$$C_6H_4(NO_2)CH_3 + HNO_3 \xrightarrow{H_2SO_4} C_6H_3(NO_2)_2CH_3 + H_2O$$

三、实验仪器及试剂

1. 实验仪器

电动搅拌器、聚四氟乙烯搅拌棒、四口烧瓶、分液漏斗、水浴锅、铁架台、负压过滤系统、温度计、烧杯、砂芯漏斗。

2. 实验试剂

甲苯（分析纯）、98%硝酸（工业品）、98%硫酸（分析纯）、去离子水（自制）。

四、实验步骤

1. 硝硫混酸的配制

根据反应所需混酸的浓度和现有的原料酸的浓度，计算所需原料酸的量和水的量，然后配制混酸。以甲苯硝化（一段硝化）的混酸为例，说明配制方法。

一段混酸成分为（质量分数%）：硝酸（12±1）%、硫酸（66±1）%、水（21±1）%。硝化 10g 甲苯，需要混酸 64g。

二段混酸成分为（质量分数%）：硝酸（13±1）%、硫酸（76±1）%、水（11±1）%。硝化 10g 一硝基甲苯，需要混酸 50g。

原料酸：硫酸 98%、硝酸 98%。

配制 64g 混酸，需 98%硝酸 x(mL)，98%硫酸 y(mL)，水 z(mL)，98%硝酸的相对密度 1.51，98%硫酸的相对密度 1.84，则：

$$x = \frac{64 \times 13\%}{1.51 \times 98\%} = 5.6\text{mL}$$

$$y = \frac{64 \times 66\%}{1.84 \times 98\%} = 23.4\text{mL}$$

$$z = \frac{64 \times 21\%}{1 \times 100\%} = 13.5\text{mL}$$

配酸：先将计算量的硫酸加入四口烧瓶中，用冰水浴冷却，开动搅拌器，将计算量的水倒入分液漏斗，固定在铁架台上，往水中滴加硫酸，注意混合温度不超过 40℃。硫酸滴加结束，待其冷却至 10～15℃时，用分液漏斗滴加计算量的硝酸，温度控制在

40℃以下。加完硝酸后将温度降至室温，待用。

2. 一硝基甲苯的制备

在装有搅拌器、温度计的四口烧瓶中，配制一段混酸 64g。用水浴将混酸升温至30℃左右，在强烈搅拌下，由分液漏斗滴加 10g 甲苯。控制加料速度和调节水浴冷却能力，使反应温度逐渐上升，但不能超过 50℃，25～30min 内加完甲苯。继续快速搅拌，并在(50±5)℃下保温 20～30min。反应结束，将反应混合物倒入梨形分液漏斗中，静置 15min，放出下层废酸。再加入 10mL 水，振荡萃取、放气，静置 15min。将下层产物放入预先洗净烘干并称重的 100mL 小烧杯中，称量，计算得率。

3. 二硝基甲苯的制备

在装有搅拌器和温度计的四口烧瓶中，按配酸步骤配制二段混酸 50g，用水浴升温至 60～70℃，强烈搅拌下，由分液漏斗滴加一硝基甲苯 10g，控制加料速度和水浴保温能力，使加料期间温度控制在(70±5)℃，加料时间 40～45min。继续搅拌，待温度有下降趋势时，升温至(85±5)℃，保温 30～40min。反应结束，搅拌反应液，冷却至室温，有淡黄色固体析出。在搅拌下将其缓慢倒入 100mL 的冰水（或冷水）中，用砂芯漏斗过滤。将固体产物加入 70～80℃的热水中，使其熔融，搅拌 3～5min，倾去上层废水，洗涤 2 次。最后自然冷却并搅拌，直至二硝基甲苯成为小颗粒析出，过滤。在 40～45℃的烘箱中烘 6～8h，称量，计算得率。

4. 注意事项

① 如果滴加甲苯后温度不升高，则表示反应尚未进行，可能是由于反应温度偏低或搅拌速度不够快。应停止加料，保持温度。加快搅拌，至温度上升后再继续加料。

② 有时反应温度会突然上升，是由于加入的甲苯没及时反应，聚积过多，一旦反应则大量放热。当温度超过 60℃时，反应副产物会进一步生成深色的树脂化物，而不能再分解为反应物，使产物颜色变深，得率下降。

③ 一段硝化反应是两相反应，搅拌速度控制反应速度。故应始终快速搅拌，以增大两相接触面。若产物颜色较深（樱桃红或更深），在保温过程中应逐渐变淡，否则应补加 5～10mL 硝酸，以分解副产物。

④ 一硝基甲苯的硝化为两相反应，存在传质过程，且反应快，需快速搅拌，以加强传质和传热。

⑤ 为使二段硝化反应完全，必须适当提高反应温度。

五、思考题

① 甲苯与苯相比哪一个更容易硝化，为什么？

② 配制酸时为什么温度应低于 40℃？写出配酸用量计算式？

③ 甲苯硝化的反应速度与什么条件有关？为什么？

④ 一段混酸和二段混酸组成有何差别？试分析原因。

第七章

化工流体性能参数的测定与控制

实验 22 液体常用工程物性参数的测定

实验Ⅰ 液体黏度的测定

一、实验目的

① 掌握测定液体黏度的原理；
② 熟练操作旋转黏度计。

二、实验原理

黏度、浊度、表面张力、气液平衡常数是常用的液体工程物性参数。本实验要求学生掌握多种液体常用工程物性参数的测定技能，了解表面张力仪、浊度仪、黏度计、气液平衡仪等多种仪器的使用方法，培养学生数据采集、数据分析、数据处理等能力。

采用旋转黏度计测定流体的黏度，将被测液体放于烧杯中，用温度计测定液体温度，然后将被测液体放置在同轴套筒的环隙。其基本原理是外筒静止，内筒在同步马达（发动机）的驱动下以恒定的角速度旋转，由于液体的黏性作用，产生和旋转方向相反的剪切应力作用在内筒的表面上，通过弹簧的偏离就可以测量作用在内筒上的力矩，该力矩被电位计检测，通过刻度盘读数或电位数值，计算出液体黏度，显示板上数字即为被测液体黏度。

三、实验仪器及试剂

1. 实验仪器

旋转黏度计。

2. 实验试剂

待测液体。

四、实验步骤

1. 旋转黏度计操作

旋转黏度计仪器结构简图如图 7-1 所示。其主要分为两部分：测试系统和读数系统。测试系统又包括同轴套筒和锥板。本仪器为精密仪器，测定时要注意以下几点。

① 内筒是精密零件，不允许有任何变形，表面不能有任何刻痕。因此在搬动时要轻拿轻放；在测试时，安装以及取下外筒要沿垂直方向运动，防止与内筒摩擦或碰撞。

② 测试时要严格遵照操作规程。测量时，先选好马达转速，启动马达，待稳定后，启动读数开关。关闭时相反，先关闭读数开关，再停止马达运转。若要测定同一样品在不同剪切速率的黏度（如测非牛顿流体黏度），必须先停止马达运转，然后选择马达转速，再启动马达；切不可在马达未停止转动的情况下，直接拨动马达转速控制杆。

③ 选择合适测试系统的原则：测试时指针所指示的刻度越大越好，因为此时液体黏度的相对误差较小。但要注意指针不能超过满刻度，若超过满刻度，必须马上停止马达运转，将扭矩转换开关由Ⅰ转向Ⅱ。不准在运转的条件下直接拨动扭矩转换开关。

④ 测试完后，倒掉测试溶液，将内、外筒清洗干净，清洗时注意不要让内、外筒表面受损。保持整个仪器干净、整洁。

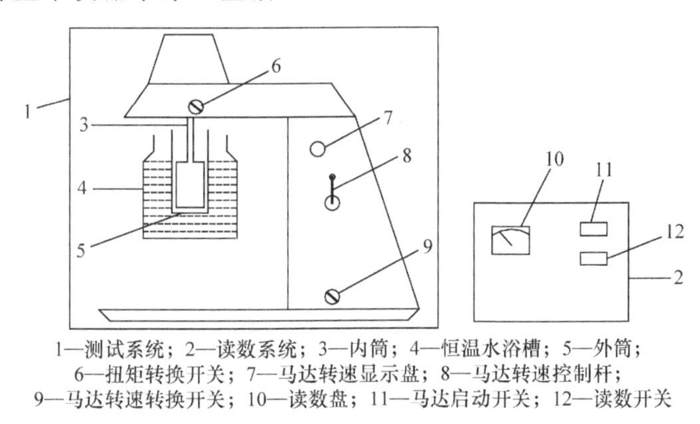

1—测试系统；2—读数系统；3—内筒；4—恒温水浴槽；5—外筒；
6—扭矩转换开关；7—马达转速显示盘；8—马达转速控制杆；
9—马达转速转换开关；10—读数盘；11—马达启动开关；12—读数开关

图 7-1 旋转黏度计测试装置示意图

2. 液体黏度测量

① 估计被测液体的黏度，按仪器提供的技术参数选择合适的测试系统。

② 接通恒温水浴电源，使恒温水浴运转并将循环水接入保温筒内。

③ 根据所选系统，确定某一浓度的待测甘油溶液（牛顿流体）的量并加入外筒中，然后将外筒置于保温水浴中。

④ 固定扭矩转换开关 6 和马达转速转换开关 9，通过马达转速控制杆 8 选择马达转速，然后按下马达启动开关 11，此时内筒旋转，待系统稳定（约 5min）后，按下读数开关 12，记下刻度盘上的读数。再关闭读数开关 12，关闭马达启动开关 11。

⑤ 改变恒温水浴温度，重复上述操作。

⑥ 配制浓度为 0.1%～0.5%的聚乙烯醇溶液（非牛顿流体），重复上述操作。

⑦ 用同一浓度的聚乙烯醇溶液测定其在不同温度下的黏度。

3. 数据处理

记录不同温度下被测定液体的黏度，每个温度下测定五次，并进行误差分析，最后进行线性分析，作黏度～温度图。

五、思考题

① 列出至少三个工程计算应用黏度数据的实例。

② 黏度测定中的误差来源主要有哪些？

实验Ⅱ　表面张力的测定

一、实验目的

① 掌握拉环法测定表面张力的原理；

② 熟练使用表面张力仪。

二、实验原理

将被测液体置于玻璃皿中，金属环放在液面上与润湿该金属环的液体相接触，则把金属环从该液体拉出所需的拉力 P，是由液体的表面张力、环的内径及环的外径所决定的。设环被拉起时带着一个液体的圆柱，将环拉出液面所需的总拉力等于液柱的质量：

$$P = mg = 2\pi\sigma R'+2\pi\sigma(R'+2r) = 4\pi\sigma(R'+r) = 4\pi\sigma R$$

式中，m 为液柱的质量；σ 是液体的表面张力；R'是环的内半径；r 为环丝半径；R 是环的平均半径，即 $R = r+R'$。实际上，上式是理想的情况，其与实际情况有一定差别，因为被环拉起的液体并非是圆柱形。实验证明，环所拉起的液体的形状是 R^3/V 和 R/r 的函数，同时也是表面张力的函数。因此，必须乘上校正因子 F 才能得到正确结果。校正方程为：

$$\sigma = PF/(4\pi R)$$

三、实验仪器及试剂

1. 实验仪器

JZ-200A 自动界面张力仪、容量瓶。

2. 实验试剂

待测液体。

四、实验步骤

1. 测定

JZ-200A 自动界面张力仪是用物理方法代替化学方法测试液体的表面和界面张力的仪器，本仪器主要由机壳、测试室、试样杯、升降机构及控制系统、微力传感器及张力测量显示系统等组成。实验步骤如下。

① 先取两个 100mL 容量瓶，配制 0.80mol/L、0.50mol/L 正丁醇水溶液。然后再取 6 个 50mL 容量瓶，用已配制的溶液，按逐次稀释方法配制 0.40mol/L、0.30mol/L、0.20mol/L、0.10mol/L、0.05mol/L、0.02mol/L 正丁醇水溶液。

② 对铂金环和玻璃杯进行冲洗。先用石油醚清洗铂金环，接着用丙酮漂洗，然后烘干铂金环。在处理铂金环时要特别小心，以免铂金环变形。然后将铂金环挂在测试室的小钩上。

③ 仪器放在平稳的台面上，调节螺旋仪器至水平。将电源插头插在具有可靠接地的外部电源插座上，打开电源开关，稳定 15min，调零。

④ 铂金环浸入到液体中 5～7mm 处，按“●”停止，此时若需要保持峰值，则可按“峰值”键，再按“▼”键，显示值将逐渐增大，最终保持在最大值，该最大值就是液体的实测表面张力值σ，然后按“●”键停止，最大值被记录后按“复位”键。

⑤ “调零”。准备工作完毕后在开始实验前，应将显示调为“00.0”，对于同一试样在短时间内连续做多次实验，其间不需调零（实验前调一次）。因为铂金环一旦沾上液体，质量就发生变化，不能调出实际零点。对于界面张力测定，每次实验前都必须对铂金环进行净化、烘干处理。无论是表面张力还是界面张力测定，调零时拉环需要经过净化处理。

⑥ 更换另一浓度的溶液，按上述方法测定表面张力。

⑦ 记录测定时的室温。

⑧ 测定完毕后，取下铂金环，清洗干净，玻璃杯也要洗干净。

2. 实验数据处理

① 求校正因子 F

$$F = 0.7250 + \sqrt{\frac{0.01452P}{L^2\rho} + 0.04534 - \frac{1.679}{R'/r}}$$

式中，P 为刻度盘的读数；L 为环的周长，cm；ρ 为溶液密度（25℃时），g/cm^3；R'为环的内半径，cm；r 为环丝半径，cm。

② 绘出 σ～c 图，在曲线上选取 6～8 个点作切线求出斜率 $Z=\frac{d\sigma}{dc}$ 值。由 $\Gamma=-\frac{cZ}{RT}$ 计算不同浓度溶液的表面吸附量 Γ 值，并作 Γ～c 图。

③ 比较不同浓度下 σ 及 Γ 的变化。

五、思考题

① 常用测定表面张力的方法有哪些？

② 本实验测定数据的精度取决于哪些因素？

③ 拉环法测表面张力有什么优缺点？

实验Ⅲ　二元系统气液平衡数据的测定

一、实验目的

① 掌握用双循环气液平衡器测定二元气液平衡数据的方法；

② 了解缔合系统气液平衡数据的关联方法，从实验测得的 T-p-x-y 数据，计算各组分的活度系数；

③ 学会二元气液平衡相图的绘制。

二、实验原理

许多体系的平衡数据从资料中查找，但这往往是在特定温度和压力下的数据。随着新产品、新工艺的开发，许多系统的平衡数据还未有人测定过，这需要通过实验测定以满足工程计算的需要。此外，在溶液理论研究中提出了各种各样描述溶液内部分子间相互作用的模型，准确的平衡数据是对这些模型的可靠性进行检验的重要依据。

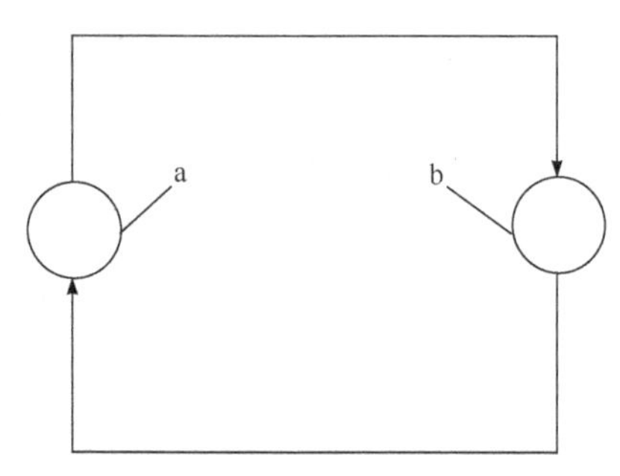

图 7-2 循环法测定气液平衡数据的原理示意图

以循环法测定气液平衡数据的平衡器类型很多，但基本原理一致，如图 7-2 所示。当体系达到平衡时，a、b 容器中的组成不随时间而变化，这时从 a 和 b 两容器中取样分析，可得到一组气液平衡实验数据。

三、实验仪器及试剂

1. 实验仪器

Ellis 气液两相双循环型蒸馏器、取样瓶、1mL 注射器（针筒及配套的针头）、碱式滴定管、分析天平、大气压力测定仪、温度计、磁力搅拌器。

2. 实验试剂

醋酸-水二元溶液。

四、实验步骤

1. 实验准备

本实验采用改进的 Ellis 气液两相双循环型蒸馏器，其结构如图 7-3 所示。改进的 Ellis 蒸馏器测定的气液平衡数据较准确，操作也较简便，但仅适用于液相和气相冷凝液都是均相的系统。温度测量用分度为 0.1℃的水银温度计。在本实验装置的平衡釜加热部分的下方，有一个磁力搅拌器，电加热时用以搅拌液体。在平衡釜蛇管处的外层与气相温度计插入部分的外层设有上下两部分保温电热丝。另还有一个电子控制装置，用以调节加热电压及上下两组保温电热丝的加热电压。

分析测试气液相组成时，用化学滴定法。每一实验组配有 2 个取样瓶，2 个 1mL 的注射器，1 个碱式滴定管及 1 台分析天平。实验室中有大气压力测定仪。

2. 测试

① 加料。从进样口注入配制好的醋酸-水二元溶液。

② 加热。接通加热电源，调节加热电压在 150～200V，开启磁力搅拌器，调节合适的搅拌速度。缓慢升温加热至釜液沸腾时，分别接通上、下保温电源，其电压调节在 10～15V。

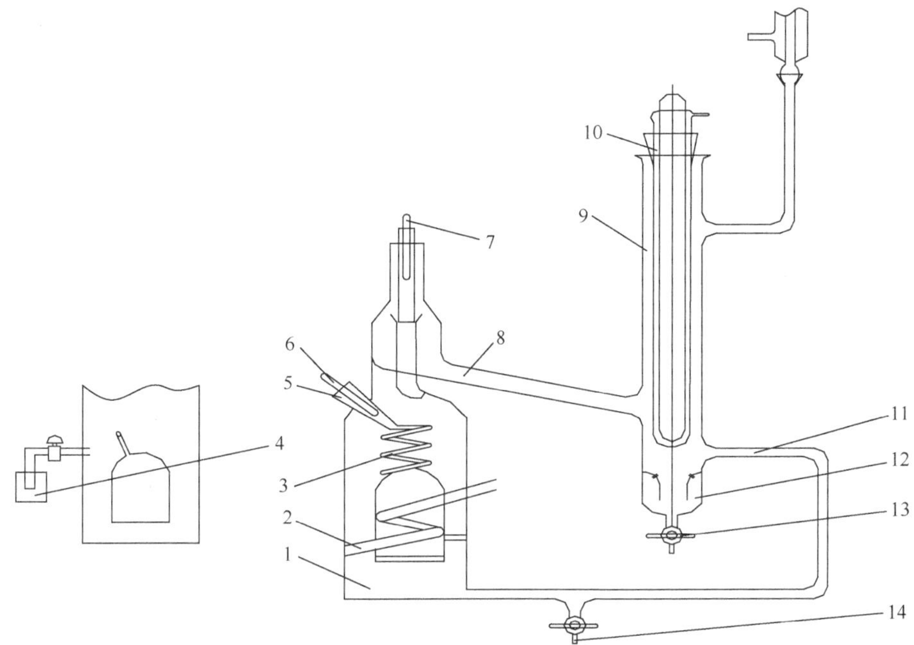

1—蒸馏釜；2—电加热丝；3—蛇管；4—液体取样口；5—进样口；
6—平衡温度计；7—气相温度计；8—蒸汽导管；9，10—冷凝器；
11—冷凝液回路；12—贮器；13—气相凝液取样口；14—放料口

图 7-3 改进的 Ellis 气液循环蒸馏器

③ 温控。溶液沸腾，气相冷凝液出现，直到冷凝回流。起初，平衡温度计读数不断变化，调节加热量，使冷凝液控制在每分钟 60 滴左右。调节上、下保温的热量，最终使平衡温度逐渐稳定，气相温度控制在比平衡温度高 0.5～1℃。保温的目的在于防止气相部分冷凝。平衡由平衡温度的稳定加以判断。

④ 取样。整个实验过程中必须注意蒸馏速度、平衡温度和气相温度的数值，不断加以调整，经 0.5～1h 稳定后，记录平衡温度及气相温度读数。读取大气压力测定仪显示的大气压力。迅速取约 8mL 的气相冷凝液及液相于干燥、洁净的取样瓶中。

⑤ 分析。用化学分析法分析气、液两相组成，每一组分析两次，分析误差应小于 0.5%，得到 W_{HAcg} 及 W_{HAcL} 两相质量组成。

⑥ 实验结束后，先把加热及保温电压逐步降低到零，切断电源，待釜内温度降至室温，关冷却水，整理实验仪器及实验台。

3. 实验数据处理

① 平衡温度校正。

测定实际温度与读数温度的校正：

$$t_{实际} = t_{观} + 0.0016n(t_{观} - t_{室}) \tag{7-1}$$

式中，$t_{观}$ 为温度计指示值；$t_{室}$ 为室温；n 为温度计暴露部分的读数。

沸点校正：

$$t_p = t_{实际} + 0.000125(t + 273)(760 - p_a) \tag{7-2}$$

式中，t_p为换算到标准大气压（0.1MPa）下的沸点；p_a为实验时大气压力（换算为 mmHg，1mmHg=133Pa）。

扫码查看附录 13

② 将t_p，W_{HAcg}，W_{HAcL}输入计算机，计算表 7-1 中所列参数。

扫码查看附录 14

③ 在二元气液平衡相图中，参照附录 13 和附录 14 中给出的醋酸-水二元系的气液平衡数据绘制光滑的曲线，并将本次实验的数据标绘在相图上。

表 7-1　计算数据一览表

p_A^0	n_B^0	$n_{A_1}^0$	n_{A_1}	n_{A_2}	n_B	γ_A	γ_B

④ 主要符号说明：n 表示组分的摩尔分数；γ 表示活度系数；p 表示压力；p^0 表示饱和蒸气压；t 表示温度。

下标：A_1、A_2 表示混合平衡气相中单分子和双分子醋酸；A、B 分别表示醋酸与水。

4. **结果及讨论**

① 计算实验数据的误差，分析误差的来源。

② 为何液相中 HAc 的浓度大于气相?

③ 若改变实验压力，气液平衡相图将作如何变化，试用简图表明。

④ 用本实验装置，设计本系统气液平衡相图绘制步骤。

五、思考题

① 为什么即使在常压、低压下，醋酸蒸气也不能被当作理想气体看待?

② 本实验中气液两相达到平衡的判据是什么?

③ 设计用 0.1mol/L NaOH 标准溶液测定气液两相组成的分析步骤，并推导平衡组成计算式。

④ 如何计算醋酸-水二元系的活度系数?

⑤ 为什么要对平衡温度作压力校正?

⑥ 本实验装置如何防止气液平衡釜闪蒸、精馏现象发生?如何防止暴沸现象发生?

实验 23　化工过程流体性能参数的控制

实验Ⅰ　对象特性（一阶水箱）的实验测取

一、实验目的

① 掌握对象特性的实验测取方法；

② 熟悉一阶水箱的数学模型及其阶跃响应曲线；

③ 根据实验测得的一阶水箱阶跃响应曲线，掌握求取对象特性参数的方法。

二、实验原理

实验测取对象特性，就是在所要研究的对象上，人为地施加一个输入作用（通常为阶跃输入），然后用仪表记录表征对象特性的物理量（输出）随时间变化的规律，得到一系列实验数据或曲线。这些数据或曲线可以用来表示对象特性，叫作对象的非机理模型。这个过程就是实验建模过程。实验建模的特点，就是不管对象或系统的内部机理，完全从外部测试描述它的动态特性（把被控对象当做一个黑匣子）。这种方法既简单又省力，常用在工程实践中。

本实验采用阶跃输入法测取一阶水箱的特性。特性测取系统原理如图 7-4 所示。在系统开环运行稳定后，通过控制器手动改变对象的输入 Q_1（阶跃形式），同时记录对象的输出 h 或阶跃响应曲线 $h(t)$。然后根据已给定对象模型的结构形式，利用实验数据求取模型中的各参数。

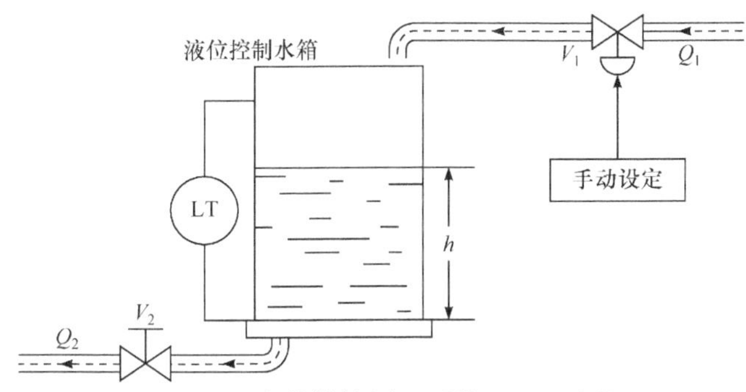

图 7-4 水箱特性测取系统原理示意图

设水箱的进水量为 Q_1，出水量为 Q_2，水箱的液面高度为 h，出水阀 V_2 固定于某一开度值。根据物料动态平衡的关系，求得对象模型的结构形式为：

$$T\frac{\mathrm{d}h}{\mathrm{d}t}+h=KQ_1$$

或：

$$h(t)=K\Delta Q(1-\mathrm{e}^{-t/T})$$

其中，T、K 为对象特性参数，待测。

当由实验求得图 7-5 所示的阶跃响应曲线后，通过曲线可以求得特性参数。

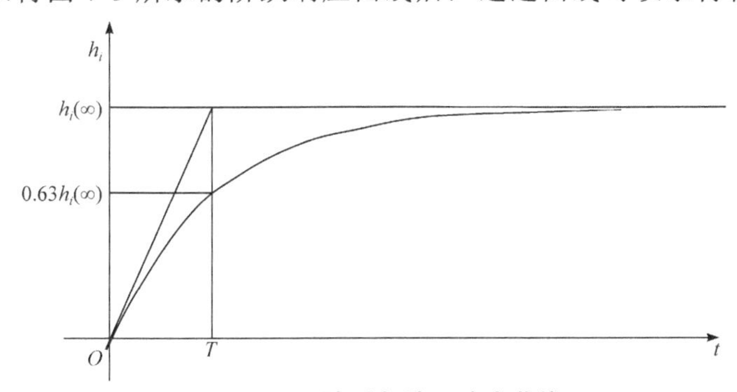

图 7-5 一阶对象阶跃响应曲线

三、实验仪器及试剂

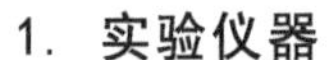

1. 实验仪器

扫码查看附录 15

THPHG-1 化工自动化综合实验装置（见附录 15 的详细介绍）。

2. 实验试剂

蒸馏水。

四、实验步骤

本实验以水箱的液位作为对象的输出，以水箱进水流量作为对象的输入。

1. 实验操作

① 储水箱中储足水量，一般接近储水箱容积的 4/5。

② 开启流量计管路阀门 F1-1、F1-2，将水箱的进水阀 F1-3 和出水阀 F1-7 打开至适当开度。

③ 将对象的 1#通信线［接有两块智能调节仪（控制器）和一块流量积算仪］经 RS485/232 转换器接至计算机的串口上，本工程初始化使用 COM1 端口通信。

④ 将仪表控制箱中“电容式液位变送器”的输出对应接至智能调节仪（控制器）Ⅰ的“0～5V/1～5V 输入”端；将智能调节仪（控制器）Ⅰ的“4～20mA 输出”端对应接至“电动调节阀”的控制信号输入端；将电磁流量计的输出接到流量积算仪的输入端。

⑤ 合上对象系统仪表控制箱的单相断路器，给所有仪表通电。

⑥ 智能调节仪（控制器）Ⅰ参数设置：Sn=33、DIP=1、dIL=0、dIH=50、oPL=0、oPH=100、CF=0、Addr=1。

⑦ 打开上位机软件，选择“化工仪表工程”，按“F5”进入运行环境，然后进入实验“主菜单”，选择“实验三、水箱液位定值控制实验”。

⑧ 在实验界面中有“通讯成功”标志，表示计算机已和三块仪表同时建立了通信关系；若显示“通讯失败”并闪烁，说明有仪表没有与上位机通信成功，检查转换器、通讯线以及计算机 COM 端口设置是否正确。

⑨ 通信成功后，将控制器“手动/自动”置为“手动”，打开离心泵的开关。

⑩ 在控制画面首先设定一个初始阀门开度，如 10%；调整进水阀 F1-3 开度，观察液位变化情况，当液位趋于平衡时，将阀门开度（控制器输出）、进水流量及液位高度填入下表。

阀门开度（输出值）	液位高度 h_0/mm	进水流量 Q_1/(m^3/h)

⑪ 突然改变阀门开度（改变量不宜大），如 20%，观察液位变化，记录液位随时间变化曲线。当液位趋于平衡时，将阀门开度及液位高度、进水流量信息填入下表。

阀门开度（输出值）	液位高度 h/mm	进水流量 Q/(m^3/h)

⑫ 利用计算机采集液位随时间变化曲线。

2. 注意事项

① 实验过程中，不得任意改变出水阀开度大小。

② 阶跃信号不能取得太大，以免影响正常运行；但也不能过小，以防止对象特性的不真实性。一般阶跃信号取正常输入信号的5%～30%。

③ 在输入阶跃信号前，过程必须处于平衡状态。

3. 数据处理

① 整理实验数据并且填好实验数据记录表。

② 作出一阶环节的阶跃响应曲线。

③ 求出一阶环节的相关参数。

五、思考题

进行本实验时，为什么不能任意改变出水阀的开度？

实验Ⅱ 化工自动化基础综合实验

一、实验目的

① 了解化工自动控制系统的组成；

② 了解化工生产现场的工业自动化仪表；

③ 掌握液位定值控制系统的结构与组成；

④ 掌握液位定值控制系统调节仪（控制器）参数的整定方法。

二、实验原理

实验系统流程见附录15图21。被控变量为液位水箱的液位，实验要求水箱的液位稳定在给定值的上下2%～5%范围内。本装置中共有三台液位变送器同时检测水箱的液位高度，本实验将电容式压力变送器的输出信号接入调节仪（控制器），作为反馈信号，与给定量比较后取得差值，调节仪（控制器）根据偏差来控制电动调节阀的开度，以达到控制水箱液位的目的。为了实现系统无余差控制，调节仪（控制器）应为PI或PID控制，一般在变化量较快的液位、流量和压力控制参数中，不采用微分控制，微分虽然可以改善动态调节效果，但其对变化较快参数的抗干扰能力较差。

三、实验仪器及试剂

1. 实验仪器

THPHG-1化工自动化综合实验装置（见附录15的详细介绍）。

扫码查看附录15

2. 实验试剂

蒸馏水。

四、实验步骤

1. 实验操作

① 实验之前先将储水箱中储足水量，一般接近储水箱容积的4/5，然后将阀F1-1、F1-3、F1-7全开，其余手动阀门关闭。

② 将对象的1#通信线［接有两块智能调节仪（控制器）和一块流量积算仪］经RS485/232转换器接至计算机的串口上，本工程初始化使用COM1端口通信。

③ 将仪表控制箱中“电容式液位变送器”的输出对应接至智能调节仪（控制器）Ⅰ的“0～5V/1～5V输入”端，将智能调节仪（控制器）Ⅰ的“4～20mA输出”端对应接至“电动调节阀”的控制信号输入端。

④ 合上对象系统仪表控制箱的单相断路器，给所有仪表通电。

⑤ 智能调节仪（控制器）Ⅰ参数设置：Sn=33、DIP=1、dIL=0、dIH=50、oPL=0、oPH=100、CF=0、Addr=1。

⑥ 打开上位机软件，选择“化工仪表工程”，按“F5”进入运行环境，然后进入实验“主菜单”，选择“实验三、水箱液位定值控制实验”。

⑦ 在实验界面中有“通讯成功”标志，表示计算机已和三块仪表同时建立了通信关系；若显示“通讯失败”并闪烁，说明有仪表没有与上位机通信成功，检查转换器、通信线以及计算机COM端口设置是否正确。

⑧ 通信成功后，按照经验整定法整定调节仪（控制器）参数，选择PI控制规律，并按整定后的PI参数进行调节仪（控制器）参数的设置。

⑨ 点击实验界面中“设定值”的数值显示框，在弹出的对话框中填写液位设定值，然后点击“比例度”“积分时间”“微分时间”，在弹出的对话框中填写对应的比例度、积分时间和微分时间。在实验界面中点击“自动”按钮，智能调节仪（控制器）Ⅰ被设置为“自动”状态，仪表内部控制算法启动，打开离心泵的开关，对被控参数进行闭环控制。

⑩ 当液位稳定于给定值的2%～5%范围内，且不再超出这个范围后，通过以下几种方式加干扰：

a. 突增（或突减）仪表设定值的大小，使其有一个正（或负）阶跃增量的变化（内部扰动）；

b. 将阀F1-1旁路阀F1-2开至适当开度（外部扰动）；

c. 改变关联管路的阀门以对系统加入外部扰动，但注意外部扰动加入量应合理，不宜破坏系统的平衡，超出控制系统的调节能力范围。

以上几种干扰均要求扰动量为控制量的5%～15%，干扰过大可能造成水箱中水溢出或系统不稳定。通过内部扰动加入干扰后，水箱的液位便离开原平衡状态，经过一段调节时间后，水箱液位稳定至新的设定值（采用后面两种干扰方法仍稳定在原设定值），记录此时智能仪表的设定值、输出值和仪表参数，液位的响应过程曲线如图7-6所示。

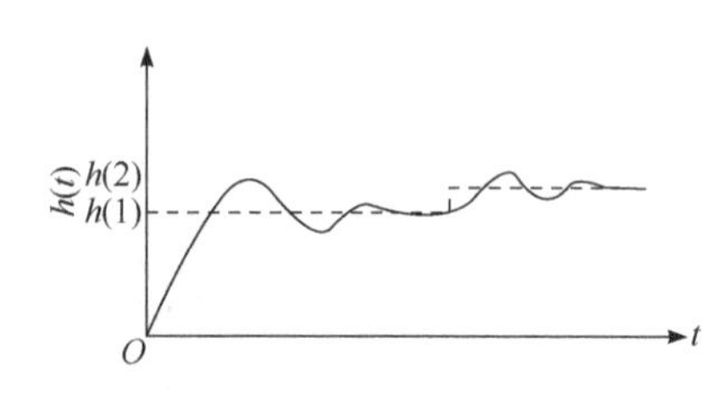

图7-6 水箱液位的阶跃响应曲线

⑪ 分别适量改变调节仪（控制器）的P及I参

数，重复步骤⑩，用计算机记录三组不同P、I参数时系统的阶跃响应曲线。

2. 数据处理

① 画出水箱液位定值控制系统的方块图。

② 用实验方法确定调节仪（控制器）的相关参数，写出整定过程。

③ 比较并写出不同P、I参数对控制系统质量的影响。

五、思考题

THPHG-1化工自动化综合实验装置是由哪几部分组成的？

实验24 全混流反应器停留时间分布测定

一、实验目的

① 掌握停留时间分布的测定方法；

② 了解停留时间分布与多釜串联模型的关系；

③ 了解模型参数 n 的物理意义及其计算方法。

二、实验原理

本实验通过对单釜与三釜反应器中物料停留时间分布的测定，将数据计算结果用于多釜串联模型来定量描述返混程度，从而认识限制返混的措施。

在连续流动的反应器内，不同停留时间的物料之间的混合称为返混。返混程度的大小，一般很难直接测定，通常是利用物料停留时间分布的测定来研究。然而测定不同状态的反应器内物料停留时间分布时，可以发现，相同的停留时间分布可以有不同的返混情况，即返混与停留时间分布不存在一一对应的关系，因此不能用停留时间分布的实验测定数据直接表示返混程度，而要借助于反应器数学模型来间接表达。

物料在反应器内的停留时间完全是一个随机过程，需用概率分布方法来定量描述。所用的概率分布函数为停留时间分布密度函数 $f(t)$ 和停留时间分布函数 $F(t)$ 。停留时间分布密度函数的物理意义是：同时进入的 N 个流体粒子中，停留时间介于 t 到 $t+\mathrm{d}t$ 间的流体粒子所占的分率 $\mathrm{d}N/N$ 为 $f(t)\mathrm{d}t$ 。停留时间分布函数的物理意义是：流过系统的物料中停留时间小于 t 的物料的分率。

停留时间分布的测定方法有脉冲法、阶跃法等，常用的是脉冲法，具体的测定原理见附录16。

三、实验仪器及试剂

1. 实验仪器

全混釜、转子流量计、电导率仪、记录仪、注射器。

扫码查看附录16

2. 实验试剂

蒸馏水。

四、实验步骤

1. 测试

实验装置如图 7-7 所示，由单釜与三釜串联两个系统组成。三釜串联反应器中每个釜的体积为 1L，单釜反应器的体积为 3L，用可控硅直流调速装置调速。实验时，水分别经两个转子流量计流入两个系统。稳定后在两个系统的入口处分别快速注入示踪剂，由每个反应釜出口处的电导率仪检测示踪剂浓度变化，并由记录仪自动记录下来。

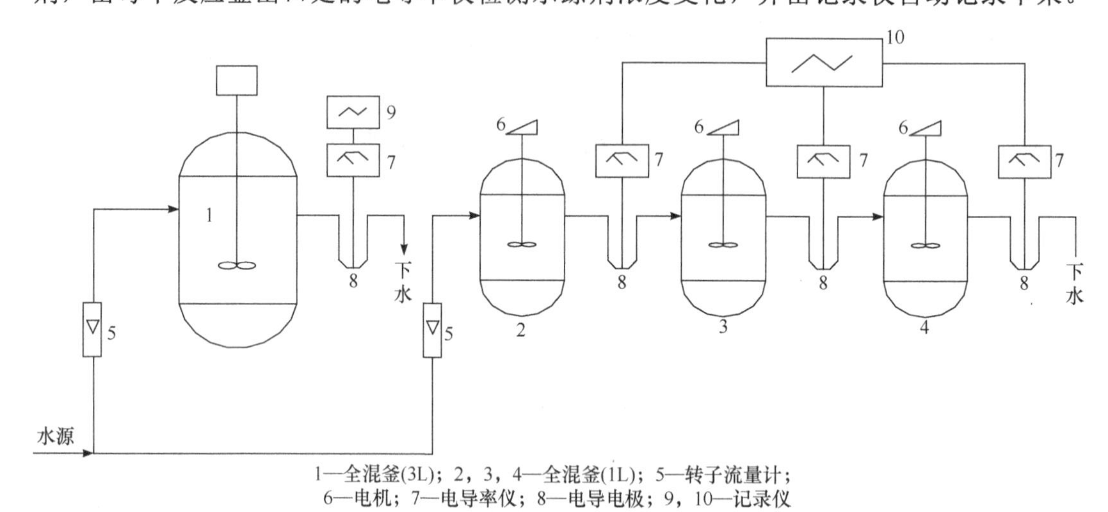

1—全混釜(3L)；2，3，4—全混釜(1L)；5—转子流量计；
6—电机；7—电导率仪；8—电导电极；9，10—记录仪

图 7-7 连续流动反应器返混实验装置

① 通水。开启水开关，让水注满反应釜，调节进水流量为 20L/h，保持流量稳定。

② 通电。开启电源开关。开记录仪，记下走纸速度；开电导率仪并调整好，以备测量；开动搅拌装置，转速应大于 300r/min。

③ 待系统稳定后，用注射器迅速注入示踪剂，在记录纸上作起始标记。

④ 当记录仪上显示的浓度在 2min 内觉察不到变化时，即认为终点已达到。

⑤ 关闭仪器、电源、水源，排清釜中料液，实验结束。

2. 实验分析

① 计算出单釜与三釜系统的平均停留时间 $\bar{t}$，并与理论值比较，分析偏差原因。

② 计算模型参数 n，讨论两种系统的返混程度大小。

③ 讨论如何限制或加大返混程度。

五、思考题

① 为什么说返混与停留时间分布不是一一对应的？为什么又可以通过测定停留时间分布来研究返混呢？

② 测定停留时间分布的方法有哪些？本实验采用哪种方法？

③ 何谓返混？返混的起因是什么？限制返混的措施有哪些？

④ 何谓示踪剂？有何要求？本实验用什么作示踪剂？

⑤ 模型参数与实验中反应釜的个数有何不同？为什么？

附　录

附录 1　乳胶漆参考配方
附录 2　涂料性能检测方法
附录 3　酸值（mg/g）的测定
附录 4　磺化反应装置各单元的工艺流程图
附录 5　聚氧乙烯型非离子表面活性剂的性能测定
附录 6　已知钙度硬水的制备
附录 7　超重力装置气相压降测定流程
附录 8　超重力气相总体积传质系数计算原理
附录 9　碘化物-碘酸盐体系离集指数的计算
附录 10　COD-571 型化学需氧量测定仪使用说明
附录 11　COD 各种溶液的配制方法
附录 12　撞击感度的测试方法
附录 13　醋酸-水二元系气液平衡数据
附录 14　醋酸-水二元系气液平衡数据的关联
附录 15　THPHG-1 化工自动化综合实验装置
附录 16　脉冲法测定停留时间分布

扫码查看电子附录

参 考 文 献

[1] 潘祖仁. 高分子化学. 5 版. 北京: 化学工业出版社, 2011.
[2] 张兴英, 李齐方. 高分子科学实验. 2 版. 北京: 化学工业出版社, 2007.
[3] 王久芬. 高分子化学实验. 北京: 兵器工业出版社, 1994.
[4] 杨海洋, 朱平平, 何平笙. 高分子物理实验. 2 版. 合肥: 中国科技大学出版社, 2008.
[5] 赵德仁. 高聚物合成工艺学. 北京: 化学工业出版社, 1981.
[6] 何曼君, 张红东, 陈维孝. 高分子物理. 3 版. 上海: 复旦大学出版社, 2012.
[7] 华幼卿, 金日光. 高分子物理. 4 版. 北京: 化学工业出版社, 2013.
[8] 复旦大学化学系高分子教研组. 高分子实验技术. 上海: 复旦大学出版社, 1996.
[9] 北京大学化学系高分子教研室. 高分子物理实验. 北京: 北京大学出版社, 1983.
[10] J. F. Rabek. 高分子科学实验方法(物理原理与应用). 吴世康, 漆宗能, 等译. 北京: 科学出版社, 1987.
[11] 吴人洁. 现代分析技术: 在高聚物中的应用. 上海: 上海科学技术出版社, 1987.
[12] 金日光. 高聚物流变学及其在加工中的应用. 北京: 化学工业出版社, 1986.
[13] 中国科学技术大学高分子物理教研室. 高聚物的结构与性能. 北京: 科学出版社, 1981.
[14] 夏笃祎, 张肇熙, 译. 高聚物结构分析. 北京: 化学工业出版社, 1990.
[15] 牛秉彝, 王元有, 黄人骏. 高聚物粘弹及断裂性能. 北京: 国防工业出版社, 1991.
[16] I. M. 沃德. 固体高聚物的力学性能. 徐懋, 漆宗能, 等译. 2 版. 北京: 科学出版社, 1988.
[17] 郭怀仁, 于明, 沈如涓, 等. 理化分析测试指南: 非金属材料部分　高聚物材料性能测试技术分册. 北京: 国防工业出版社, 1988.
[18] 中国医药公司上海化学试剂采购供应站. 试剂手册. 2 版. 上海: 上海科学技术出版社, 1985.
[19] 张向宇. 实用化学手册. 北京: 国防工业出版社, 1986.
[20] 张丽华. 高分子实验. 北京: 兵器工业出版社, 2004.
[21] 王贵恒. 高分子材料成型加工原理. 北京: 化学工业出版社, 1982.
[22] 高家武. 高分子材料近代测试技术. 北京: 北京航空航天大学出版社, 1994.
[23] 何卫东, 金邦坤, 郭丽萍. 高分子化学实验. 2 版. 合肥: 中国科学技术大学出版社, 2012.
[24] 闫红强, 程捷, 金玉顺. 高分子物理实验. 北京: 化学工业出版社, 2012.
[25] 周智敏, 米远祝. 高分子化学与物理实验. 北京: 化学工业出版社, 2011.
[26] 殷勤俭, 周歌, 钟安永. 现代高分子科学实验. 北京: 化学工业出版社, 2012.
[27] 汪建新, 等. 高分子科学实验教程. 哈尔滨: 哈尔滨工业大学出版社, 2009.
[28] 郭玲香, 宁春花. 高分子化学与物理实验. 南京: 南京大学出版社, 2014.
[29] 董炎明, 熊晓鹏, 等. 高分子研究方法. 北京: 中国石化出版社, 2011.